思想

第一辑

中国建筑工业出版社

央美建筑系列丛书　朱锫/王朋贤　主编

思想建筑　第一辑　侯晓蕾/刘珊珊/黄晓　执行主编

建筑

中央美术学院建筑教育办学历史可以追溯到新文化运动时期。中央美术学院的前身是著名教育家蔡元培先生倡导成立的国立北京美术学校，这是中国历史上第一所由国家开办的美术学府，于 1918 年 4 月 15 日在北京西城前京畿道正式成立。创办之初，其学习科目中即有建筑学科教学内容，开设建筑学、建筑装饰、建筑构造、建筑意匠、东西建筑史等课程。此后，该校几经易名合并。1949 年 11 月，该校和华北大学三部美术系合并，在 1950 年 1 月，经中央人民政府政务院批准，正式定名为中央美术学院。2003 年中央美术学院通过与北京市建筑设计研究院合作办学，单独成立了建筑学院，新成立的建筑学院成为中国高等美术教育系统中的第一所建筑学院。

揭示、探索和发展学生的创造潜力正是中央美术学院建筑教育的目标与任务。建筑学院已形成以本科生教育为主体，硕士生、博士生教育为支撑，留学生教育为补充的完备的教学层次和多种培养模式，初步形成突出的专业优势与鲜明的办学特色。建筑学院始终着眼于发挥学院优势，坚持面向世界，积极开展国际学术交流与合作。先后与英、美、澳、日、德、加、意、西、港澳台地区等诸多国家与地区的多所大学文化机构建立了学术交流关系，进行教授互访、课程交流、科研合作、联合竞赛和学术讲座等活动。交流活动促进了该院教学水平的提高，并使学生有机会直接接触到国外先进的教学方法。"央美建筑系列讲堂"（CAFAa Lecture Series）由中央美术学院建筑学院于 2018 年发起，旨在立足建筑学术前沿，邀请当今世界最杰出的学者、教育家、建筑师、艺术家展开研讨、讲座、会议等多种活动，共同建构批评、包容、开放的国际建筑学术平台。

列奥·施特劳斯认为："人文教育（Liberal Education）在于倾听伟大心灵之间的谈话，是对节制的训练，亦是一次勇敢的冒险；它使我们成为文化的人（Cultured man），使我们从庸俗中解放，并馈赠于我们经历美好事物的体验。"创办"央美建筑系列丛书"，希望该系列丛书反映出人文教育（Liberal Education）的光芒，让读者倾听伟大心灵之间的谈话。建筑学院具有建筑学、城乡规划学、风景园林学三个一级学科和建筑学专业硕士、风景园林专业硕士学位授予权，设有建筑设计、城市设计、室内设计、风景园林四个专业方向，强调专业间的交融互补与学术渗透。系列丛书将介绍根植于中央美术学院百年深厚艺术土壤的建筑学院之建筑艺术教育体系，着重介绍以跨艺术、人文学科的建筑创作教学为主导的建筑设计研究、建筑艺术与人文研究、史论研究、实验教学的最新成果。谨以此系列丛书与国际建筑教育界同行交流，与国内建筑界同行交流，为建构具有崭新学术特色的建筑教育体系，为推动中国建筑的发展、世界建筑的发展尽绵薄之力。

本书编著

前言

"央美建筑系列丛书"之《思想建筑》系列源起于"央美建筑系列讲堂"（CAFAa Lecture Series）。2018年中央美术学院建筑学院发起举办该学术系列讲座，旨在立足建筑学术前沿，邀请当今世界最杰出的学者、教育家、建筑师、艺术家展开研讨、讲座、会议等多种活动，共同建构批评、包容、开放的国际建筑学术平台。系列讲座现已邀请库哈斯（Rem Koolhaas）、矶崎新（Arata Isozaki）、斯蒂文·霍尔（Steven Holl）、莫森·莫斯塔法维（Mohsen Mostafavi）、曹汛等著名建筑师、学者讲学，丛书将刊发这些精彩的演讲内容。央美建筑青年学者论坛"云园雅集"于2020年创建，先后邀请了多位青年学者作专题报告，并由专家学者针对专题展开对谈与点评，丛书也将刊发"云园雅集"部分内容。希望《思想建筑》能成为国际建筑学术交流平台，以独特的学术思想推动当代建筑创作和建筑历史理论研究的进一步发展。

《思想建筑》（第一辑）刊发曹汛先生和"云园雅集"青年学者的讲座内容。曹汛治学严谨，尤精于史源学、年代学考证，擅长攻解学术难题和考断无头公案。他的研究涉及建筑、园林、考古、艺术和文学等诸多领域，许多论断已成为今天学术界的共识，一定程度上奠定了园林历史理论的基础。曹汛先生本次系列讲座论及"中国的造园艺术""中国的叠山名家"和"造园大师张南垣"等学术问题，"为往圣继绝学"研讨会系统阐述了曹汛的理论思想和研究观点。"云园雅集"第一期"历史名园与造园名家"、第二期"管窥东西：国际交流视野下的建筑与园林"展示了青年学者的学术风采，他们采用新方法，挖掘新材料，关注新问题，建构新理论，拓展了研究的视野和领域。我们将曹汛和青年学者讲座交流内容整理成稿发表，以飨读者。

目录

上编　曹汛讲座与学术思想研讨会 —————————————

下编　云园史论雅集 ────────────────

曹汛讲座
与学术思想研讨会

曹汛讲座与学术思想研讨会

时　间：2019 年 10 月 18 日—10 月 19 日

地　点：中央美术学院

主讲人：曹汛（北京建筑大学建筑系教授）

策划人致辞

王明贤：各位老师，同学们：

上午好！中央美术学院建筑学术系列讲座第三讲，有幸邀请到曹汛先生为我们讲授"中国造园艺术"（图1）。

建筑学术系列讲座是由中央美术学院建筑学院发起，邀请当下全世界范围内最杰出的学者、教育家、建筑师、艺术家来探讨和举办讲座，旨在创建一个具有国际水准的建筑学术平台。建筑学术系列讲座第一讲的主讲人是库哈斯，第二讲的主讲人是哈佛大学设计研究生院院长莫森教授，第三讲请到中国学者曹汛先生。这个建筑讲座请到的都是真正国宝级的学术大师，可能不一定有院士、博导的称号，但是都是学界真正备受尊重的学问家。

当年梁启超向清华校长推荐清华国学院导师时，曾推荐了陈寅恪。

清华校长问："陈寅恪是哪国的博士？"

梁启超答曰："陈寅恪虽然在十几个国家留学，但是他没有任何学位。"

清华校长问："陈寅恪有什么著作？"

梁启超说："陈寅恪没有什么著作。"

校长说："那这就很难办了。"

梁启超说："我梁某人一生算是著作等身，但我所有的著作加起来也不及陈寅恪几百字的文章。"

陈寅恪是学界真正让人尊重的学问家。现在中国学术界非常推崇的史学研究的"史学二陈"就是陈寅恪和陈垣，曹汛先生就是"史学二陈"真正的学术传承人。

曹汛先生1961年毕业于清华大学建筑系，是建筑学家、园林学家、文史学家，堪称"学者中的学者"。曾在辽宁省博物馆文物考古研究所、古代建筑研究所工作，现为北京建筑大学教授。

曹先生今天和明天的讲座有三讲：第一讲是"中国的造园艺术"，第二讲是"中国的叠山名家"，第三讲是"造园大师张南垣"，明天下午还将举办"为往圣继绝学：曹汛先生学术思想研讨会"。朱锫院长将会有很精彩的致辞，同时来自全国各地的专家学者会共同讨论。

这次演讲稿是曹汛先生长期学术研究的结晶，讲座将由曹先生和青年学者黄晓、刘珊珊共同完成，讲座主要讨论我国古代园林艺术的发展演变，对造园叠山艺术的三个阶段和诗情画意的三个阶段展开详细论述，并重点剖析张南垣的造园叠山艺术。

造园叠山艺术的第三阶段正是张南垣所开创。张南垣的造园实践主要是在17世纪初期和中期，曹汛先生认为：17世纪是世界造园史上的黄金时代。世界造园大师一时前后并出，东西互映，但是在这些技匠当中，张南垣的实践作品丰富、理论作品精辟，贡献和影响也最大，不愧为世界首屈一指的造园大师。

曹汛先生关于张南垣独到的见解和严谨的论证，确立了中国园林艺术在世界造园史上的地位。曹先生集数十年研究

图1　王明贤发言

之心血，完成了《造园大师张南垣》，这是中国文化界 40 年
来屈指可数的可以流传后世的学术著作，可惜曹先生对该版
本并不满意，我们只能翘首以待好的版本出版。

　　曹汛先生在 20 世纪 90 年代初曾经感叹：不得不说，学术
界对我国古代造园艺术的研究还较为肤浅。然而近年来的情
况并没有好转，学界急功近利，浮躁的学风愈演愈烈。在这
种背景下，我们聆听中国造园艺术的讲座，曹先生根据史源学、
年代学的方法所做的研究，从历史园林发展演变上着眼的精
辟论述，对个案的深入挖掘，无疑能给我们深刻的启示。

　　下面有请曹汛先生，以及他的助手青年学者黄晓先生和
刘珊珊女士上台（图 2）。黄晓和刘珊珊也是曹先生的关门弟子，
他们与著名艺术史家高居翰先生曾合著出版《不朽的林泉：中
国古代园林绘画》。

｜ 图 2　讲座现场

2

一、曹汛研究访谈

黄晓：感谢王老师，感谢央美组织这么好的讲座。我来自北京林业大学园林学院，刘珊珊现在同济大学工作，我们两个人都是清华大学博士，曹汛先生可以算是我们的老学长。我们认识曹先生还在进入清华之前，我读硕士时的论文主题是关于寄畅园，寄畅园是张南垣一脉造园叠山的重要遗存。2009年，我第一次拜访曹先生，今年正好是第十年，非常荣幸有机会参与这次讲座（图3）。

王老师刚才提到《不朽的林泉：中国古代园林绘画》，这是刘珊珊和我协助高居翰先生完成的一部讨论中国园林绘画的著作（图4）。这本书的封面是一座假山，来自一座已经消失的明代园林——止园。虽然高居翰长期关注止园，但止园主的发现和园址的确定，这两项突破性的贡献，是曹汛先生做出的。我们在协助曹先生研究的过程中，与高居翰先生建立了联系，有机会合作写作此书。

跟随曹汛先生学习的十年间，我们得到很多他的指导。曹先生不仅是一位建筑、园林领域的学者，还是一位画家，曾出版过《现代建筑画选》。今天在央美举办讲座，首先想跟大家一起分享曹汛先生的画作，从曹先生的绘画创作来进入他的园林世界。

1. 园林画创作

刘珊珊：各位老师、同学，大家好！我们跟曹先生一起来看看这些画作，也请曹先生为我们讲讲创作这些绘画的感想（图5）。

刘珊珊：第一幅画是1960年创作的，那时候您特别年轻，只有25岁（图6）。这是您在上学时画的吗？

曹汛：对。当时是在清华上学。

刘珊珊：还记得画画时的情景吗？

曹汛：1960年，当时常去圆明园，总是看各种建筑，法国人到中国来建这个西式园林，然后英法联军来又烧了他们自己造的东西还抢劫，所以法国大文豪雨果说：两个强盗进到了圆明园，然后杀人放火。他们自己把他们到中国来创造的园林建筑的精华毁了。那时候年轻，用老得发黄的纸，用白粉笔衬托一下，主要是一种心情。这种心情好像是说，中国是挺兴盛的国家，为什么英法联军那么老远派那么一点部队来，就把圆明园烧了，抢劫一空，还不认这个账。可怕的是这个园林还是他们帮助中国建造的，是西方园林在中国的精华。这是现在留下来我比较早的一幅铅笔画。

刘珊珊：所以您这幅画主要是表达您当时一种特别寂寥的心情。画中还有一个人物。

曹汛：画人物的目的是弄一个比例尺。

刘珊珊：真的是特别珍贵，这是您最早画的园林，那时候您在学习建筑，还没有想过将来会研究园林？

曹汛：对，这是从学建筑的角度来画圆明园。

刘珊珊：这一幅《颐和园昆明湖》您还记得吗（图7）？

曹汛：记得，是1967年。

刘珊珊：您还在北京吗？

图3 讲座现场，从左到右为曹汛、刘珊珊、黄晓
图4 《不朽的林泉：中国古代园林绘画》封面上的止园飞云峰
图5 曹汛发言
图6 曹汛《圆明园残迹》（1960年10月）

曹汛：这个时候已经毕业工作了。1967 年时毕业没多久，可能在辽宁。

刘珊珊：是您回到北京的时候画的？

曹汛：对。这个角度很好，是到（颐和园）后山上从戏台往前看。

刘珊珊：这是在什么地方画的，还记得吗？

曹汛：是在德和园大戏台的后面，看古桥和铜牛、亭子。

刘珊珊：是在景福阁吗？

曹汛：对，是景福阁那个位置。那时候画铅笔画希望细致，又希望有点神韵，画树有点抽象，追求一些笔法的变化。铅笔画保留时间长了有一个好处，纸发黄了，当时的铅笔线条深浅不一，浅的地方反而产生古画的感觉。

刘珊珊：建筑比例特别精确，古建筑本身错落有致，还有您画的结构都特别准确。

曹汛：对，难就难在又要工笔，又要写意，要画很多，但是比较好的景象往往只能画一回。有的时候天很冷，现场的心情是很难得的。这幅画很多人都喜欢，近景的树，中景的树，还有远景布排得比较好。再也画不出来那时候的心情了。

刘珊珊：今天会看到您各个时期的作品。这一幅是 1982 年的，这个画的是什么地方（图 8）？

曹汛：避暑山庄。

刘珊珊：画这个的时候还是在辽宁？

曹汛：对。

刘珊珊：当时是到避暑山庄写生吗？

曹汛：我那个时候出差的机会比较多，"文化大革命"以后，改革开放那一阵儿，学术气氛和社会活动（比较多）。我（画画的）条件比较简单，不管开什么会，就是往书包里塞一块胶板就偷偷走了，很多会议委员合影时没有我，因为我跑去画画了。

这些基本上是铅笔画，介于速写和写生之间。我不画太大、也不画太小的，就是搁在书包里，夹一块胶板就能带走，太大的不好带。

下面这幅的黄颜色很难把握，黄色的阴影层次非常丰富，如果没有这座红门，只有一片黄就不好了（图 9）。画中的颜色比较简单，就是湖蓝铅笔加黄色，画得比较简单，但很有气势。

这一幅很有意思，是下雪后画的（图 10）。"西山霁雪"是北京八景之一，当时刚好有野狗跑过去。这个雪还在下，半阴天，太阳还有点发黄，主要是用白雪和红柱子，就是红蓝灰。我不太喜欢在小幅里表现很多颜色，那样就画碎了。这幅有点类似工笔，但主要还是写意。受了学建筑的影响，画得比较严谨。像齐白石画桃子，最简单的东西，一个白菜可以画得很有生趣。我们学建筑的都知道，没有精力画很大的时候，画小幅怎么能把建筑画好。

刘珊珊：师母说您画这幅画时，是前几年北京下了场特别大的雪，当时她给您撑着伞，您在那里写生。

曹汛：对。

图 7　曹汛《颐和园昆明湖》（1967 年）

图 8　曹汛《金山·灰色的景象》（1982 年，承德）

图 9　曹汛《五塔寺》（北京）

图 10　曹汛《颐和园·西山晴雪》（北京）

刘珊珊：当时画了很长时间吗？

曹汛：这个不太费时间，因为非常熟悉，所以画起来很简单，回家可以修整，主要颜色比看到的东西更强烈一些。有两个爬山廊，雪还在下，还有太阳的影子。屏幕上把这个画放大后，整个发浅，但是再加重的话容易死板，还是模模糊糊的景象比较好。这是有数的几幅比较好的画，都比较简单，一米左右的。专门画水彩或水粉这种画比较难，另外要有时间，很难做。这么大的画比较容易。

刘珊珊：请您给大家讲讲画里的印章。

曹汛：没有一个是印章，全是画的。为什么要画上去呢？假如没有印章的红，就显得很单调，如果有这个红，在里面起到均衡色彩和构图压角的作用。我从来不刻图章，都是画一个图章，根据这个图的大小调整。

刘珊珊：我们从您的画上截下来许多图章（图11）。

曹汛：大小不一样，画出的章就等于给刻印打一个稿。

刘珊珊：这是您的名章，是您的名字"曹汛"。还有您自己画的一些闲章，如"游戏三昧""莫名其妙""孤高自尊"等，都是您根据画面内容设计的。

曹汛：古人讲究"游于艺"。以前中国的小学堂贴有一副对联："贪玩贪耍别处去，经邦治国进学堂"，上学的目的是建设国家，建设地方，要是贪玩贪耍就到别的地方去。学堂做这副对联是对的，意思是贪玩耍不好。可是玩耍是天性，必须是完成了学业，完成了经邦治国的追求，再谈到贪玩贪耍，这

个和那个不矛盾。艺术要"游于艺"，很自然，很自由，很消遣，不是不玩，而是玩要要玩出点儿门道来，不耽误正业的玩耍，不是玩得什么都忘了。

刘珊珊："莫名其妙"呢？

曹汛：就是自己画这个东西也不知道好在哪里，让别人觉得莫名其妙，山怎么这样，水怎么这样，自我解嘲。"孤高自尊"是说在很高的山上。"曹汛"这两个字挺好，但两个小撇太小了，这两撇没有也可以，有的话还可以稍微宽一点。这个印得不错（图12）。

刘珊珊：这是《中国造园艺术》的策划编辑王忠波请人按照您画稿上的印刻的。另外两个闲章，一个是"游戏三昧"，还有一个是"逍遥游"。我们现场也把这个章带来了，大家可以从章里选，在书上按上曹先生的名章，非常难得。

2. 现场考察

刘珊珊：这张照片您还记得吗（图13）？这是2010年去云居寺考察的照片，您嘱咐我们帮忙测绘云居寺顶上的塔。

曹汛：这张照片还是很好的，因为我很少留下来照片，这张整个来说人物和环境的关系很好。

刘珊珊：您说这座塔是唐塔，在云居寺山顶上。您还记得当时在这儿干什么吗？

曹汛：我在看后面的东西，它好像是缺了一块石板，又拿了一块板补上。

图11　曹汛绘画中的图章（曹汛 绘）
图12　曹汛刻章（王忠波 摄）

刘珊珊：我记得这是给某位公主造的塔，背面有一段铭文，但是已经漫漶不清了。我们努力辨识上面的铭文，这是您认读铭文的情形。当时已是傍晚，您想把铭文认清，我们就把矿泉水洒在石板上，就着夕阳斜的光线来辨认。

这张照片是 2017 年在寄畅园拍摄的照片，您当时去无锡做讲座（图 14）。

这张照片特别有意思，这是清华大学贾珺老师的博士戈祎迎，她像小童子一样扶着您。您马上要过一座桥，让人非常担心。

曹汛：这个大小特别好。

刘珊珊：特别像是仙人在指着路的感觉，在寄畅园里。

曹汛：一个是摄影技巧，一个是捕捉当时的情景，当时我指指点点的肯定心里很高兴。

刘珊珊：您在前面指着，后面还有很多人跟着您。

黄晓：这是曹先生走过一座桥，到了寄畅园的著名景致鹤步滩。曹先生做完讲座后到园子里游园；曹先生走在前面，后面跟着一大群人，都想听老先生讲讲这座园林的故事（图 15）。

3. 史源学研究

刘珊珊：下面这张照片也是我给您拍的（图 16）。当时您让我们到国图找您，还特别郑重说要把相机带上，您要合影。我当时不知道你是要跟谁合影，非常好奇，来了之后才发现原来您是要跟照片中的陈垣合影。这是 2010 年，陈垣诞辰 130 周年展，当时您说您算是传承了陈垣先生的治学方法，所以一定要跟师父合张影。您当时气宇轩昂，特意打扮过，要拍一张有纪念意义的照片。

曹汛：我晚年的照片，这张还比较精神焕发。

刘珊珊：拍完这张，您拉着我和黄晓一起拍照（图 17）。

刘珊珊：您的治学方法传承于陈垣先生，请您讲一下陈垣先生的治学方法吧。

曹汛：陈垣没有现代人的学历，他是老的私塾出身。他是在给他孙子的家书里陆陆续续讲治学方法。和陈垣这样真正的大史学家相比，我们这些建筑史学者的史学根基是不够的。陈垣这样的历史学家，在近现代再也没有人能超过了。他的概念就是不要信别人的话，一定要自己去查证。

刘珊珊：您喜欢引用他说的"人实诳汝"。

曹汛：所有人都在骗你，在没有考证好之前，在你没有真正经过思考和印证之前，就假设他人在骗你，并不是说人和人之间都是欺骗。这是陈垣在一本书信集里，给自己孙子写信时谈到的。我是学建筑出身，因此是跨专业去学历史（的治学方法）。我对自己的评价很高，我自学的方法是我最感兴趣的，比较有心得和成就感，这句话对我一生治学有很大的启发。建筑史、园林史是我一生的兴趣，不能见异思迁。但是我们要发现不足，建筑史学者跟陈垣比是不够的。我在文学研究方面得过一些奖，在史学研究方面得过一些奖，觉得最好是搞史学，文学容易陷入到玩票文人的窠臼里，我自认为还是一个史学家。

图 13　曹汛先生在云居寺考察（刘珊珊　摄）
图 14　曹汛在寄畅园考察（查婉莹　摄）
图 15　曹汛在寄畅园考察（查婉莹　摄）

刘珊珊：陈垣先生的史源学和年代学研究方法，是在书信里给自己孙子讲到的，在座很多同学可能对这个方法不是很了解，请您跟大家解释一下什么是史源学。

曹汛：搞历史没有年代感不行，很多年代需要你自己去考证，这就是年代学；而这种考证是史源学的考证，史源学是如何寻找历史根源的学问。这个很难懂，因为陈垣不是在讲治学方法，不是在写讲义或者教科书，是在谈天的时候讲到的。最高档的学问是在聊天过程中运用到滚瓜烂熟，不是背得滚瓜烂熟，他的方法值得翻来覆去琢磨。

我冒着被别人嗤笑的危险。梁先生是我老师，我们很钦佩他，跟他学习，但是史学方面要与人家一比就矮一大截，这是不得不承认的。年代学非常重要，年代其实是很难考的。你不把这个年代考准了，一切都是瞎说，说说可能就出漏洞了，就有问题了。

陈垣讲史源学和年代学这两门课的时候，在黑板上写的箴言是"毋信人之言，人实诳汝"，意思是不要信别人的话，别人的话都是诳的。不是说别人都诳你，不能信，而是你要自己考证，自己考证出来才可信。

刘珊珊：其实您在读到陈垣先生讲史源学和年代学之前，已经在使用这种方法治学了，但是您看到之后犹如醍醐灌顶，原来自己用的方法是有来历的。

曹汛：我买到《陈垣学术论文集》那本书很晚，大概是在 20 世纪 80 年代。我替陈垣老师想想，他可能也没有发现过像我

这样追随他、崇拜他，又有体会，而不是盲目地跟随他的学生。所以我对这张合影很有感情。

建筑史既然是历史，就应该尊重原有的历史。学艺术史要"游于艺"，但是千万要注意它仍是历史，是历史、哲学的范畴，才能够把这个东西玩好。

我认为我最努力的方向就是作为史学家，进行建筑史、园林史的考证。要实时地考证年代，实物到底建于什么年代。中国建筑史就有很多问题了，张骞出使西域的时候，看到的那些塔现在还有没有？中国大地上最早的塔是哪一座？建于公元多少年？历史上的结论可以说大部分是不可相信的，但是它的模糊容易造成你的相信。

如果给我条件到新疆去，新疆沙漠淹没之后露在地面上的桩子，每看到一个木头露在外面的，我们都测定一下，一定会有重大的发现。一棵树能摸出它的年轮来，能够考证出年代来，年轮学里反映历史气候变化等很多东西。外国的考古学家到中国来做出的很多结论都不对。中国的学问绝对不是在书本上一讲就完了的东西，要在实践中摸索。可惜我没有条件，我几次想去新疆，交通很不方便，需要越野车，要引路，要带水，怕迷路，很多探险家差点就渴死在那个地方。

黄晓：您在园林方面用年代学考证出戈裕良活跃的时代，从而确认了戈氏族谱的可信性。在您之前，大家都判断说戈裕良是乾隆时期的人。

曹汛：他们没有从史源学、年代学去考证，没有这么较真。有

图 16　陈垣 130 周年诞辰展览留念（刘珊珊 摄）
图 17　陈垣 130 周年诞辰展览留念，从左至右：刘珊珊、曹汛、黄晓

些学者说张南垣是清代的，说出来就认为别人不能说他不对，只能跟着他，人云亦云，他说什么就是什么，他是这个思想。

黄晓：之前大家判断戈裕良是乾隆时代的，是因为在假山里看到有一个刻字是乾隆十二年，因此判定戈裕良叠山是在乾隆年间。

曹汛：张南垣没有留下作品，所以应该从戈裕良开始。史源学的方法非常对，先研究戈裕良，从戈裕良往上推。中国园林甲天下，外国有早期的园林实存，但没有中国园林这么好的。所以在这种情况下，考证年代是一个很重要的问题。我们在各地方游走、考察，要注意不断发现，要注意很多很细微的东西。我是老顽童，80多岁了，出去玩的时候，看到一个东西，要像一个小孩趴在地上吹蒲公英的毛毛，或者观察一只蜻蜓。

4. 叠山艺术研究

黄晓：曹先生主要从事建筑、园林和考古三个领域的研究。这次的系列讲座是关于园林领域的，属于曹先生三大研究领域里的一种。曹先生的园林研究著作这个月刚刚出版（图18）。这张封面照片是我拍的，当时手边有两个卡通小人，就放在了旁边，以表达我们晚辈对曹先生高山仰止之情。

　　这本书一共收了12篇文章，分成上下两编。上编的6篇文章是关于"园林艺术"，讨论园林与诗情画意的关系、造园叠山艺术发展、陆游《钗头凤》与绍兴沈园、江南名园网师园等。下编是关于"造园名家"，讨论明末清初苏州的叠山家，

计成、张南垣、李渔、叶洮和戈裕良的。戈裕良这篇文章的题目，曹先生起得特别用心，叫作《戈裕良与我国古代园林艺术的终结》。这篇文章也是全书的收尾之作，使整本书有首尾连贯之感。

　　全书中发表最早的文章是第三篇——《我国古代园林叠山艺术发展的演变》，是在1982年发表的。

刘珊珊：叠山这篇是您的第一篇论文。

曹汛：叠山是我写的第一篇论文。我写叠山的时候很苦恼，我学建筑，学园林，选了一个题目是"叠山"。中国园林甲天下，最主要的是中国造园有叠山，外国没有。孔夫子讲："为山九仞，功亏一篑。""为"就是有作为，就是造山，意思是我造九仞的山，差一点没有到顶，形容"做学问要做到底"。

　　我大学毕业的时候被分配到东北。人家说，你对园林感兴趣，这个森林采伐与运输工程系跟你对口，让你哭笑不得。园林是造园叠山种树，森林采伐和运输工程正好相反，把山毁了，把树砍了。我没有办法，这个命运脱离不了。好在那时候正好不许砍树，要保护森林，保护森林原始的生态。

　　我那时候20多岁，后来一直锲而不舍地研究造园叠山，因为觉得假山很神奇。给我几块石头，叠几个小的水边上的叠石很容易。戈裕良的山是全石假山，很漂亮，我们赶不上，谁能赶上？给我石头能叠这样一个山？我们也在实物里寻找，看哪个地方有类似的，到乾隆时有没有叠山家能做到？要有好的作品，这样才能使你不断地追索。

图18　曹汛《中国造园艺术》（黄晓 摄）

我 20 多岁就开始坚持研究中国叠山，后来梳理出分析叠山艺术的这套体系。研究清楚了，大师就出现了。明确地说戈裕良就是我国传统造园叠山艺术的最后终结。很多人都不同意，怎么终结了？我们还在造，还造的已经不是古典园林的精品了。实际上，再也超越不过了。

我们说还在发展，好像挺有道理。李白、杜甫一千年了，出来一个人说能超过李白、杜甫，就是笑话。中国有几项绝技很了不得，造园叠山是中国园林一绝。生活富裕了以后，人们更愿意住在园林里、还是住在豪宅里？答案不是很明显的吗？所以园林研究要高于居住建筑研究，这样才能够不断地推进它向前发展。今天还有很多研究要做，但是基本框架已经差不多了，只能在这个基础上把它完美化。

黄晓：曹先生您为什么称戈裕良是中国叠山艺术的终结？

曹汛：这句话的前提是"古典造园叠山艺术的终结"。在新阶段不承认这个终结，造出来的东西你认为是超过前人了，假设你真超过前人了，也不否定那是古典的终结。你这是新的，已经不是古典了。不古，更不典，这个典非常重要，达得到典吗？今天应当通过实践来摸索叠山的学问。我不是不想叠山，但是找不着好石头，找不到合适的业主，不可能有很大的成就。

假山最早是对真山全貌地来模仿，百分之百地模仿。后来是局部模仿，局部的模仿是小中见大，变成缩微景观。到最后仿的是真山大壑的一角，让你想象到的奇峰绝嶂累乎墙外。把这三个阶段认识到这个程度——一个是原型的，一个是缩微的，一个是真实局部的，整个发展历程就清楚了。到底谁有多大本事，能做一个戈裕良的环秀山庄出来给我们看看？没有（图 19）。

刘珊珊：第一个阶段是造假山，像真山一样，就是"为山九仞，功亏一篑"。

曹汛：东晋王爷府里不允许人工造山，府内有山不行。史料记载，赵牙为会稽王司马道子造了一座假山。皇帝没有看出来，以为他园子里本来就有山。皇帝说你园子里有山很好，就是修饰太过。事后会稽王对赵牙说："上若知山是人力所为，尔必死矣。"

刘珊珊：其实赵牙也算是叠山师。

曹汛：对，但是赵牙叠山达到什么程度不好说。在日本从地下挖出一个相当于唐代的假山，那个假山漂亮极了，肯定是从中国学去的，那个时候达到那个水平很不容易。

黄晓：曹先生把中国叠山的发展分成三个阶段，第一阶段您介绍时配了一幅《北海琼华岛》的图。

曹汛：这么大一个琼华岛全是人工叠造的，以它为代表的是叠筑大山。

刘珊珊：这种叠山手法的特点叫作"有若自然"，所以您把它叫作"自然主义"。

曹汛：对。有点过于追求生活的真实，缺乏提炼和概括。

黄晓：第一阶段叫"叠山如真山"。进入第二阶段，有非常大的变化。第一个阶段的山特别巨大，但到了第二阶段变得特

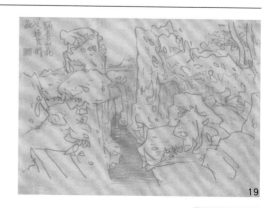

图 19　曹汛《环秀山庄》（戈裕良作品）

别小，您总结它的特点叫"小园和小山"。

曹汛：这个挺重要，庾信《小园赋》开始标榜所谓中园、小园，《小园赋》提出了小园的纲领。小园是形象名词，如一亩园其实是小园的说法，芥子园、勺园都是强调小。

刘珊珊：开始崇尚小园之后，反而要标榜其小，要往小了去夸张，变成了勺园、芥子园。

曹汛：对，这时候是皇家园林追仿私家园林。《小园赋》出现以后，成为小园的纲领，因为跟皇家大园去比的话，一方面是没有那个财力物力，另一方面是皇帝要治罪的，大园是皇帝才允许拥有的。这个阶段之前还有中园，由中园变成小园，小园成功了以后，皇帝的园林再模仿小园，最后在大型皇家园林里画几个小圈，仿民间小园。

刘珊珊：小园产生的几个原因，第一个是皇帝不允许普通人营建大山大园，此外还有其他原因吗？

曹汛：那是当然的，再造一个皇宫，皇帝就认为你犯上了。

刘珊珊：当时老庄思想对这种转变也有影响。

曹汛：对，老庄思想就是以小比大，"天下莫大于秋毫之末，而大（太）山为小；莫寿乎殇子，而彭祖为夭。天地与我并生，而万物与我为一。"这是庄子著名的"齐物论"的思想。

刘珊珊：这是唐代唐三彩的假山模型（图20）。

曹汛：对，实际上是模仿华山的山峰。现在我们看来会觉得挺烦琐、挺细碎的，但当初创作时想象出来是很难的。

刘珊珊：第二阶段的叠山手法是属于浪漫主义的。

曹汛：浪漫主义的手法不是写实的，浪漫就可以夸张。

刘珊珊：狮子林也是造园叠山第二阶段延续到现在的分支吗？

曹汛：对。一个破落文人有一句话说，"狮子林如乱堆煤渣"。从前所谓"立似龙蟠，蹲疑狮虎"。现在找不到了，我画这幅画的时候很感慨。不是说它不好，而是还能更好（图21）。

袁宏道写过《瓶史》，这本书完全是用文字来写的，没有留下来一个袁宏道时期花瓶插花的图样，只是用文字描写花瓶中的花怎么插。这是中国文化的一个特点。"瓶花落砚香归字"，就是瓶子里的花落在大砚台里，花的香经过研磨写到字里面，表现文人书斋生活里极大的乐趣。它们是真实的情景吗？袁宏道用文字来描写瓶花，就是一种浪漫的想象。

从抽象到具象，从具象到抽象，把艺术玩到这种程度，是没有止境的。现在美术学院学生的毕业设计、研究生设计，容易受西方的影响，难以再回到中国画的诗情画意里。中国画的工夫很怪，很难琢磨到深浅，表现气势和表现平淡，是不同的价值取向。

李渔发明"无心画"，开个小窗，平常的时候上面用一块板盖起来，窗外的景都是人工造的（图22）。李渔很欣赏这个东西，是小趣味。我不喜欢李渔，就是觉得他自己吹得过分了，他追求小趣味。这个东西有什么了不起。要给李渔一个定论，就是李渔差一块，和戈裕良相比，他差多了，很小气。人们吹捧他，是因为他有著作。我们常常是对这些人吹捧得不得了。我认为，认识到张南垣以后，要否掉很多东西。李渔和张南

图20　唐三彩假山模型
图21　曹汛《狮子林·炉烛花瓶刀山剑树》

垣相比差太多了。

刘珊珊：从以前只可以见，但是不能游，到第三阶段变成可以进去真正游。这和第二阶段也有相似之处，它也是借助想象力，但是它借助想象力的方式是不一样的。

第二阶段是用缩微模型想象真山真水，类似看到唐三彩的假山模型，就能想到真山。第三阶段也是借助想象力，但是通过模仿真山的一部分来想象真山。因为模仿的是人们游山的体验。游山时不是能一下子看到大山大壑的全貌，而是将看到的每一景在脑子里重新排列组合，合成一个游山的全过程。

曹汛：不是模仿巨大的真山大壑，而是很普通的，能在园子里装得下，人能够走一走、靠一靠、坐一坐的山的局部。那种东西从费力不讨好地做成一个小的全山，到只是用几块当地的石头就能做到，我们从中才知道大师之间的差距。

刘珊珊：这张画是常熟燕谷，现在还有，体现了"似有深境"的风格（图23）。

曹汛：经过这个地方以后常想，这个东西这么精彩的，是多一笔不可，少一笔也不可的园林环境。可他就是这么能耐，就是像画画一样多一点也不要，少一点也不干。达到这个境界的话，造园叠山才能成为大师。所以一定要画一下才能体会。这个角度非常好。就是这个尺度，和墙差不多一样高。

黄晓：曹先生将第三阶段总结为"似有深境"，第一阶段是"实有深境"，第二阶段叫"有似深境"。这三个词非常精辟。这

篇文章是50多年前的1963年完成的，当时曹先生只有28岁。

刘珊珊：您当时在文章里说张南垣应该在造园子之前也会先画一部分，打个草稿？

曹汛：对。张南阳也会画画，画稿也留下来了，张南垣没有留下画稿。有些人一开始把张南阳和张南垣混为一谈，后来给他指出来不对，实际上是两个时代，一个是明中晚期，一个是明末清初。明末清初的东西很值得研究。

刘珊珊：明末清初特别重要，一般研究经常会区分为明代和清代，实际上明末清初在艺术史上反而更可以看作是连续的整体。对于园林史的发展来说，明末清初是一个非常连贯的时期。

曹汛：对，明末清初正好是张南垣出现的时期，正好到头了，他以前的那些东西我们欣赏到家了，如果再不出现创新，我们就没有突破了。明末清初，少数民族过来，不能很好地理解和继承之前的传统。在这种情况下，很多明末清初的大师创作出很好东西。

刘珊珊：您的总结特别有意义。您也强调了研究园林史很重要的一点是不能就着现存的园林来研究，还是要回到史学原本的语境里面，从史学的史料、绘画、图像，重新研究园林史，最后概括、勾勒出来的园林史，会跟以前想象的和现在能看到的园林有非常大的区别。

曹汛：等于是进入一个困难时期了，就是说，我们在此基础上，现在如果学园林的话，从艺术史角度、建筑史角度、园林史角度来进入这个领域，怎么能够提高自己，提高自己的认识，

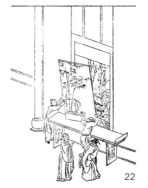

图22 《闲情偶寄》中的尺幅窗图式
图23 曹汛《常熟燕谷》

要从抽象的、逻辑的和概念的角度推想，反过来再去结合实际。

刘珊珊：所以您最后总结叠山的三个阶段，称作"自然主义、浪漫主义和现实主义"，这个总结特别精彩。自然主义是叠假山如真山，还是像真山；浪漫主义是通过夸张和想象叠一个很小的假山，但是完全按缩小的尺度来整体模仿真山；假山艺术成熟是在第三阶段，就是真实地模仿山的一角、局部。

曹汛：这个一角的模仿谈何容易，真正做得比较好的几个园子，山根山脚那几块石头太不容易了，找一块合适的石头不是这儿有点毛病，就是那儿有点毛病，还不能像雕刻一样，多一块凿去一块，少一块补一块。我们发现，困难就是用这些石头仿真山大壑太不容易了。这个东西仔细琢磨才能深刻认识（图24）。

5. 现场问答

提问：曹先生，我曾经看过，说对中国园林文学思想的追求，可能跟仙山的概念相关。过去有一个传说，海上有仙山，园林跟追求仙山的趣味很相近。人为什么要做园林？模仿山水的动机是什么？

曹汛：并不是说园林完全代表山林隐世的思想，不能拔高到这个程度。人类生活就是一种环境，你喜欢住在什么环境里呢？为什么画着一个人在深山里观瀑？为什么建筑大师画流水别墅，希望住在别墅里面听着流水的声音？人要亲近自然，有和自然相结合的观念。人也是动物，一开始巢居，然后是穴居，住在山洞里，中国人住在山洞里的时代其实已经有很高的文化了，在石器时代，怎么样来理解历史的渊源造成人的美感。真正走上高潮的东西就是人回到自然，是园林的思想。

提问：曹先生的书里认为中国古典园林是典型的山水园，今天您给我们讲了很多叠山的知识，也想听听您对理水的见解？山与水之间关系的见解？

曹汛：实际上理水更困难一些，因为水要牵涉到山的高低错落。乾隆做一些小的花园，还是山和水要结合起来的，园子里的水很重要。如果完全是一座山，是不是还缺点东西，有山有水才能做一个园子。园林的设计，从这个题目就应该是考虑山和水的比例，山和水是什么关系。

石头方面，最好还是用原来（古代）的石头，但是原来的石头越来越少，很好的石头没有，北京周围也产一些石头，就地取材，有什么就做什么，不要太多，做太多了就不行了。

图24　讲座现场

24

二、中国的造园艺术

王明贤：各位朋友，下午的讲座现在开始。

今天上午曹汛先生跟我们谈了很多关于中国园林艺术的理论，虽然是闲谈，其实真正搞研究的人最希望听老先生这种真知灼见。我们根据曹汛先生的研究整理了一个完整的PPT，把这些理论进行系统地介绍。曹汛先生对造园叠山的三个阶段、诗情画意的三个阶段，以及中国叠山艺术名家，都有非常系统的研究。下面有请青年学者黄晓和刘珊珊给我们讲述。

黄晓：谢谢王老师，谢谢大家。上午曹汛先生的讲座涉及很多方面，下午我们针对不同的主题来介绍。

2019年出版的《中国造园艺术》共收录12篇文章。今天下午的主题是"中国的造园艺术"，涉及《中国造园艺术概说》《略论我国古典园林诗情画意的发生发展》《略论我国古代园林叠山艺术的发展演变》和《明末清初的苏州叠山名家》四篇文章的内容。

1. 中国园林的特质

1991年曹汛先生在《中国建筑美学文存》上发表《中国造园艺术概说》。这篇文章的构思非常精巧，共有五个部分：第一部分总体介绍中国园林的特点，第五部分总结中国园林的世界影响，中间第二、第三、第四三个部分是主体，从三个角度对中国园林做了三个三段论的概括。

开篇介绍中国园林的特点，引用了希腊学者的判断。这位希腊学者生活在公元3世纪，相当于中国的汉朝。他评价

中国人，"平和度日，心情安静沉默"。那么中国人为什么是这样的性格呢？人的性格跟环境密切相关，民族的性格跟这个民族的生活环境密切相关。中国人在适应、协调和改造自然的过程中，塑造出了崇尚自然、亲和自然的文化风格，最终达到天人合一的哲学高峰。

在此基础上，曹先生给出了中国园林的定义。"中国造园艺术最本质的特征，是对大自然中的好山佳水加以开发和整治建设，甚至用人工手段，或在市郊清静的地段上，或在城里喧嚣的闹市中，模山范水，按照美的原则，再现一个充满诗情画意的生活游息环境——自然山水园。"这几句话是从选址的角度，对中国园林做的分类：基本上是从自然到人工的过渡，先是偏于荒野的大自然，然后来到靠近人类居所的城市近郊，最后进入到城市之内。

苏州天平山庄处在较为自然的环境里，扬州瘦西湖位于城市近郊，苏州耦园则是位于城内的一座具有浪漫色彩的园林。这三座园林，形成从自然到近郊再到城市的过渡（图1）。

中国园林追求再现充满着诗情画意的生活游息环境。其中涉及几种艺术的关系：园林是营造艺术，诗情是文学艺术，画意是绘画艺术。中国文学、绘画和园林的关系非常密切，后两者深入地融合于中国园林之中。在此基础上形成中国造园的最高原则——"虽由人作，宛自天开"。"天开"侧重自然，但最后一定是自然与人工的交融。

中国园林的目的是在人间建造一座理想的天堂。园林建成

图1　天平山庄、瘦西湖与耦园（黄晓 摄）

后，对人会有反向的影响。仙境一般的环境，可以让人修身养性、陶冶情操，使人的生活高尚化，进而影响到民族的品格，这就回到前面讲到的希腊学者对中国人性格的评价，正是这样的环境，才陶冶出中国的民族性格。以至于我们今天讨论中国园林艺术，仍会产生一种"香生九窍、美动七情"的感受。

2. 中国园林的三个阶段

不同学者对中国园林的发展有不同的分段方式。周维权先生将其按时代分成五个阶段，曹汛先生有独特的判断，将其分为三个阶段。

中国园林可分为五种类型：自然风景区、邑郊园林、寺庙园林、皇家园林和私家园林。其中最重要的是皇家园林和私家园林，结合原始文献的记载，曹先生将它们称作上苑、中园和小园。他的中国园林发展三阶段，就建立在这三个概念的基础上。

前面提到的从大自然到城市近郊，再到城内，是按照园林选址来分类。上苑、中园和小园，则是按照园主身份来分类。

上苑大致对应皇帝或王公贵族，是整个社会里最有权势和地位的群体。中园对应将相官宦等，是社会中比较有权力的偏上的阶层，或是贵族，或是富豪，他们也有较大的力量建造大规模的园林。小园对应文人士大夫，此后越来越多的人开始建造园林，园林的数量变多，规模则相应地变小。

围绕这三种类型，中国园林经历了三个阶段：分别是秦汉以前、魏晋隋唐和宋元明清。

第一阶段，秦汉以前，皇家园林的上苑占据绝对上风。商纣王的沙丘苑台、周文王的灵台、秦始皇的上林苑和汉武帝的建章宫等，都是帝王所有（图2）。

到魏晋南北朝，私家园林开始兴盛，出现了"中园"一词，代表案例如石崇的金谷园。石崇可算是中国古代第一富豪，金谷园的规模非常可观，兼具生产性和审美性（图3）。

当时文人提出"中园"，是用来与皇家上苑抗衡的，此后中园越来越发达，小园也开始出现。庾信有一篇《小园赋》，堪称这种新式园林的纲领。

到隋唐时期，上苑依然比较兴盛，但私家小园已经可以和皇家上苑分庭抗礼了。当时的上苑如大明宫或兴庆宫等皇家园林，小园如王维的辋川别业和白居易的履道里园等文人园林。唐代白居易的园林丝毫不逊色大明宫，足以作为中国园林的代表，媲美于皇家园林。这一趋势继续发展，到宋元时期，私家园林逐渐占据上风。明清时期，皇家园林甚至不得不反过来模仿私家园林，取其精华。

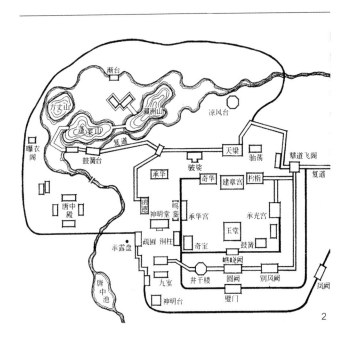

图2　西汉建章宫苑复原示意图

在这三个阶段里,皇家上苑逐渐低落,私家小园日渐崛起,最后占据中国园林主流。这一过程导致了一种现象,中国皇帝,尤其是乾隆皇帝,特别喜欢在皇家园林里模仿江南园林,叫作"移天缩地在君怀",仿建全国各地的美景,数量最多的就是私家园林。如承德避暑山庄的文园狮子林就是模仿苏州著名的狮子林(图4)。

通过这个三段论的分析,可以看出中国造园艺术的最后成熟,是以私家园林的成熟为标志的。因此中国造园艺术不像欧洲那样,由皇帝和国王在上面主宰,而是千千万万人的创造,可以说造园艺术已经变成中国全民族的艺术。

园林艺术并不只属于上层阶层,从上苑、中园、小园的发展过程中,能够感受到中国人对于园林的热情日渐滋长。小园的日渐崛起跟这种内在的热情紧密相连,形成了中国人对园林的深厚感情。

3. 中国叠山的三个阶段

曹汛先生提到,之所以要讨论叠山的三个阶段,是由中国园林的特点决定的,中国自然山水园主要是以自然山壑为核心。如果能够把假山分析清楚,基本就把握了中国园林最重要的内容。

曹先生将造园叠山艺术也分为三个发展阶段。第一种叠山风格始于春秋时期,到两汉魏晋南北朝达到高峰,隋唐时期衰落;与此同时,第二种叠山风格崛起,日渐兴盛,一直到

图 3 (明)仇英绘《金谷园图》(京都知恩院藏)
图 4 (元)倪瓒《狮子林图卷》中的假山(曹汛 改绘)

明代出现新的转折；当第二种风格逐渐衰落时，又出现了第三种风格（图5）。

第一阶段：自然主义

早期文献《论语》中有关于人工叠山的记载："譬如为山，未成一篑，止，吾止也。譬如平地，虽覆一篑，进，吾进也。"孔子打比方说要堆一座山，还差一筐土就能堆成，但这时候停下了，是我要停下的；如果是在平地上，虽然刚刚倒上一筐土，但是要继续堆这座山，也是我决定要继续的。孔子通过这件事情强调一种教育观念，激励学生。他以堆山作为比喻，侧面表明堆山在当时已经颇为常见。

第二个文献更加有趣，是当时对于叠山的批评。《国语》称："今王既变鲧、禹之功，而高高下下，以罢民于姑苏。"这位大臣批评吴王夫差建造姑苏台，是"变鲧、禹之功"，大禹治水的方法是将地面抹平，如果高高低低就会水流不畅，发生水灾。但造园是反向的，不喜欢平地，因此是"变鲧、禹之功"，将平地变得高高低低。这个比喻虽然是对堆山的批评，也从侧面反映了当时堆山的普遍，经常会改造地形。

这个阶段的叠山风气是叠造大山。前引两种文献讨论的是先秦，之后秦始皇堆造蓬莱山，汉武帝建章宫聚土为山，梁孝王兔园堆百灵山，这些山的规模都非常大。这种叠造大山的风气一直延续到魏晋南北朝。著名的例子是赵牙为东晋皇子司马道子建造府邸，其中筑山穿池，花费巨大。后来皇帝到太子家里看，说："府内有山，甚善；然修饰太过。"皇帝讲

府内有山，而不是府内筑山，表明他并没有看出这座山是人工堆筑，而是以为府内本来就有山，只是在上面做了太多装饰，不太合适。可知当时堆山特别像真山，连皇帝亲临都未发现是人工所筑。

第一阶段筑山的特点是全盘模仿真山，完全写实，尺度也尽力效仿真山。西晋道士葛洪有一句话，很适合作为这类假山的概括——"起土山以准嵩霍"。嵩霍指嵩山和霍山，当时堆筑一座假山，会以嵩山、霍山为标准。这种手法比较接近自然主义，在艺术成就上相对粗放、不够精细（图6）。

第二阶段：浪漫主义

跟第一阶段叠筑大山的风气相对应的是上苑，上苑的规模非常大，园主也是社会地位最高的。晋、宋以来进入到第二阶段，一般官僚士大夫的中园和小园开始崛起，出现了新的造园阶层、园林风尚和叠山风格。

这次转折具有哲学思想方面的基础，即庄子的《齐物论》和《逍遥游》。人们发现"会心处不必在远"，既然游赏不需要跑那么远，也就不需要叠造巨大的假山，通过小规模的假山便能想象林泉之乐，小园小山就足可神游了。

约略和"小园"同时，出现了"小山"一词，后来又出现"小山假景"一词，进而出现"假山"一词。今天谈"假山"已经非常普遍了，园林中都是假山，但第一阶段的山还不能称作"假山"，因为那个山不假，看上去非常真实。"假山"一词跟第二阶段大有关系，这时开始做真正的假山。这种假

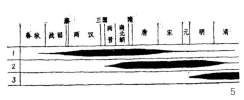

图5 三个阶段本种风格的演变程序（曹汛 绘）
图6 能体现第一阶段筑山风格的后期实例——北海琼华岛（曹汛 绘）

山也是模仿真山，但是具体而微，尺度极力缩小。

与第一阶段"起土山以准嵩霍"相应，第二阶段假山的特点也有一句话可以概括：庭园内有石材和石头，将它们立起来，"立而象之衡巫"。第一阶段"起土山以准嵩霍"提到嵩山和霍山，第二阶段也提到两座真实的山——衡山和巫山，但这时候不再是"准"，而是"像"，这种叠山手法是写意的、象征的，接近浪漫主义，与前者的自然主义构成对比，是一种"小中见大"的手法。实例如唐代出土的假山盆景，观者通过这座非常小的山，去想象巨大的华山，神游于假山盆景之间（图7）。

第三阶段：现实主义

每个阶段的发展都是对前一个阶段的否定。第三阶段反对第二阶段写意假山的小中见大，主张恢复写实，用真实尺度把假山做得跟真山一样。然而又不是开倒车，回到第一阶段自然主义地再现真山大壑全部，而是选取部分山体，叠造平冈小坂、陵阜陂陀，从而创造出一种山林意境，营造出一种艺术幻觉。

这是拙政园一处园中园——枇杷园的入口。在花墙的外面能够看到几块石头，花墙的背后有一座山。外面的石头象征假山的山脚，游人至此会感受到这处小小的山脚仿佛是大山的一部分，进而联想到背后更大的山体。转过花墙果然会看到一座大山，产生"奇峰绝嶂累累乎墙外"，眼前的园林"处于大山之麓"之感（图8）。

曹汛先生将第三阶段的假山归结为现实主义。这三个阶段从自然主义走向浪漫主义，又进一步走向现实主义（图9）。像这幅图中展示的那样：外面白色的山是自然真山，内部黑色的山是人工假山，人工假山与自然真山的不同关系，代表了造园叠山的三个阶段。第三阶段假山的出现，标志着我国叠山艺术和造园艺术的最后成熟。

4. 诗情画意影响的三个阶段

文学、绘画与中国园林的关系极为密切，也分成三个阶段。人们通常笼统地讲中国园林受到文学和绘画的影响，但什么时间受到文学的影响，什么时间受到绘画的影响，如何受到影响，早年讨论的都比较少。曹汛先生的《略论我国古典园林诗情画意的发生发展》发表于1984年（发表时被改为《诗人园、画家园和建筑家园》），是较早深入论述园林、文学、绘画三者关系的重要文章。

从历史发展来看，文人、画士先后在造园艺术里大显身手，最后是造园叠山家，这三个人群构成了诗情画意写入中国园林的三个阶段：从魏晋到南宋，是诗人造园时代，很多园主的身份都是诗人；从南宋到元明是画家造园；从晚明到清末，造园主体成为职业的造园叠山家。

谈到唐朝园林，一般会想到王维、白居易、李德裕，他们的身份都是诗人。到元代会提到倪瓒、黄公望，他们都是画家。在这些时代，人们较少关注造园师，也就是说，我们

图7 西安西郊出土唐三彩假山模型（曹汛 改绘）
图8 苏州拙政园枇杷园内的山林（黄晓 摄）

7

8

知道园林的主人是谁、参与造园的画家是谁，但很少知道园林的设计者是谁。

这种情况在晚明有了很大转变，涌现出张南阳、周秉忠、周廷策、计成和张南垣等一批造园名家。在这个时代，一座园林归谁所有不再那么重要，出自哪位造园家之手变得更重要了。这有点像今天的情况，人们更关注设计是出自库哈斯之手还是贝聿铭之手，而不太关注它属于电视台还是银行。明清时期出现了大量造园家的名字，表明造园这个行业真正确立起来了。

以上就是从诗人园、画家园，到叠山家园的发展历程，同时也是造园行业逐渐确立的过程。它们反映了中国园林艺术由粗疏到文细，由自发到自觉，由低级到高级的演变历程。

第一阶段：诗人造园

先来看第一阶段诗情的写入，即文学对中国园林的影响，涉及诗歌和散文两种文体，主导造园的先后是诗人和散文家。

山水诗和田园诗差不多是同时出现的，都在魏晋。谢灵运是山水诗人的代表，陶渊明是田园诗人的代表，他们的诗歌影响到人们的造园思想。唐代诗人造园更为普遍，曹汛先生列举了王维和白居易，一为盛唐，一为中唐，这是中国造园非常关键的两个时期。

王维工诗善画，苏轼评价王维的特点是"诗中有画，画中有诗"。王维自己有首诗称"宿世谬词客，前身应画师"。讲到世人都说我是诗人，但我的前世可能是画家。曹先生敏

锐地捕捉到王维的心理：他不好意思承认自己是画家，更能接受的身份是诗人。这种情况透露了唐代诗人和画家社会身份的差别。类似的情况也发生在阎立本身上，阎立本官职很高，位居宰相，但由于擅长绘画，经常遭到同僚的调侃。

王维的诗歌被称作"诗中有画"，画面感很强，因此对造园特别有启发，造园终究是要落到具体的形象上。

王维的别业称作辋川，有二十景。今天可以看到许多版本的《辋川图》，如日本收藏的辋川图局部，描绘了王维居住的辋口庄（图10）。还有描绘辋川全景的长卷，这些景致配上王维的五言诗，予人非常强烈的直观感受（图11）。图中这座建筑称作临湖亭，王维诗曰："当轩对樽酒，四面芙蓉开。"立刻就把观者带入到这座亭子里，感受到四面花开、芳香扑鼻的美景。另一处是欹湖，游人划着小船，泛舟出行，王维诗曰："湖上一回首，山青卷白云"，以极为生动、极具画面感的方式，将优美的风景体验传递给观者。

白居易与造园的关系更为密切。他担任杭州刺史时，整治开发西湖，建造了白公堤；担任苏州刺史时关注奇石，后来写了著名的《太湖石记》，奠定了后世赏石的标准。白居易被贬为江州司马是人生中一次巨大的挫折，他写出了传世名作《琵琶行》。在那种悲惨的境遇里，如何才能恢复元气呢？白居易建造了庐山草堂，借助园林疗愈自己；他当时创作的《庐山草堂记》，也成为中国文学史和园林史上的名篇。

白居易后来去洛阳，在履道里建造了一座园林，创作出

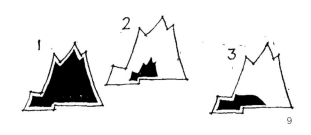

图9　中国叠山艺术三个阶段三种风格的演变特征（曹汛 绘）
图10　（传）王维《辋川图》（日本圣福寺藏）

名作《池上篇》。他在北方洛阳营造的这处水景宅园弥漫着江南的气息。当时南北方园林相互影响，主要是南方影响北方。白居易曾长期在南方游历，因而能够把江南的造园艺术带到北方。

白居易有很多精妙的设计，曹先生特别称赞他的水斋，将池水和山石引到室内，形成一种别具诗意的效果。白居易诗中写道："枕前看鹤浴，床下见鱼游。"虽然建于唐代，却特别有现代感。

前面讲的都是著名的诗人，同时代的散文家也毫不示弱，创作了很多关于园林的散文。唐宋八大家之一的柳宗元，在柳州、永州有很多造园实践，留下了《小石潭记》《永州八记》等散文名篇。樊宗师的《绛守居园池记》介绍了山西的绛守

居园池，是中国现存最古老的衙署园林。此外还有宋代欧阳修的《醉翁亭记》、苏舜钦的《沧浪亭记》等。这些散文家不只是写文章，而且会直接参与造园实践。

最典型的要数司马光的独乐园。关于独乐园的诗歌和散文，前者如《独乐园七咏》，后者如《独乐园记》，都出自园主司马光之手。传世有宋人绘制的《独乐园全图》（图12），不过更著名的是明代仇英的《独乐园图》（图13），主要依据司马光的《独乐园记》和七咏诗。诗歌、散文的画面感很强，富有想象力的画家依据这些文字将园林描绘出来，可视为明人创作的独乐园复原图。

诗人造园对园林的具体影响是什么呢？清代钱泳说"造园如作诗文"，古人会将写作的构思巧妙地融入造园中去。一

图11　北宋郭忠恕摹《王摩诘辋川图》（局部，台北故宫博物院藏）

座园林有起承转合，比如拙政园从小小的园门开始，进去后是一座假山，起到欲扬先抑的效果；走到主厅远香堂，进而穿过池上的三座小岛，曲曲折折，最后来到位于高处的见山楼。前段游览仿佛在迷宫中一般，但最后会有一个制高点，到高处俯瞰全园，获得对全园的总体认识。这种布局谋篇的方式受到了文学的影响。中国古代曾有一个诗人造园的时代，虽然已经过去了，但它的遗产却烙印在中国园林中，在后世不断有所体现。

第二阶段：画士造园

画士造园的确立相对较晚，但其萌芽可以追溯到魏晋南北朝时期。东晋顾恺之有《画云台山记》，刘宋宗炳有《画山水序》，这个时期山水画艺术开始萌生，逐渐成熟。顾恺之的《画云台山记》表明他创作了一幅云台山的画，然后写了这篇文章。可惜这幅画没有传下来，近代画家傅抱石根据这篇记绘制了一幅《云台山图》。

魏晋时期出现了山水画，但并不成熟，唐代张彦远《历代名画记》评价称"或水不容泛，或人大于山"，图中水面画得很小，人可能比山还大，比例很奇怪。山水的尺度都远比人要大，为什么当时的山水画会人大于山呢？中国较早的画种是人物画，山水最先是作为人物的背景出现，后来成为主流。因此中国画的发展，经历了一个人越来越小、山越来越大的过程。到魏晋南北朝刚刚走到中间，就出现了"水不容泛，人大于山"的状态。

魏晋南北朝的山水画尚不成熟，因此难以去影响另一种

图12　宋人绘《独乐园全图》（台北故宫博物院藏）
图13　（明）仇英《独乐园图》（局部，克利夫兰美术馆藏）

艺术。一种艺术只有达到很高的水平，才有可能被其他艺术借鉴。

唐代王维擅长绘画，有几幅作品保存至今。王维的画功非常好，但当时人们对画家的身份还是有些贬低，画家的社会地位并不高。要到之后的宋代，苏轼等文人画家将绘画的地位进一步提高，王维的画家身份才变成一个积极的标签。

画家身份的提升，预示着马上要开启一个新时代了。苏轼的学生晁无咎是苏门四学士之一，他兼有诗人、画士两种身份，又从事造园。晁无咎的园林称作"归去来园"，从园名就可推知，与写作《归去来兮辞》的陶渊明有关。《媿古录》记载："晁无咎闲居济州金乡，葺东皋归去来园，楼观堂亭，位置极潇洒，尽用陶语名之，自画为大图，书记其上。"归去来园所有景致的名称都来自陶渊明的诗文，晁无咎还画了一幅图描绘这座园林。

晁无咎是北宋人，曹先生举的第二个人物是南宋的俞徵，他擅长绘画，所绘竹石清润可爱，得文、苏遗意。

周密《癸辛杂识》评价俞徵："俞子清胸中自有丘壑，又善画，故能出心匠之巧。"这个时期建造一座园林，其水平高下会跟造园者的素养结合起来，而人们看重的不再是文学素养，而是绘画素养，反映出绘画在造园过程中越来越重要。

元代是中国文人画确立的重要时期，绘画的主流风格由写实转向写意。唐代诗歌的成熟促成了文学在宋代的影响，而明代绘画对造园的深入影响，则是由元代文人画奠定的。元代园主的身份多与绘画有关，昆山画家顾仲瑛建了玉山草堂，松江画家曹云西爱好"治圃种竹"，元代四大家之一的倪云林，也就是倪瓒，对后世造园的影响更深，人们甚至误传狮子林是由他设计，因为传世有一幅倪瓒的《狮子林图》（图14）。

倪瓒确实建过园林，但不是狮子林，而是他本人居住的清閟阁。倪瓒的文集《清閟阁集》，就是以其居所来命名的。倪瓒有洁癖，这座清閟阁"客非佳流不得入"。阁前有四棵碧绿的梧桐树，他每天都要派人打水擦拭干净。如果梧桐叶子落下来，就命童子在手杖上加一根针，把梧桐叶子挑出来。童子不能走进去，以免把地面踩坏，只能远远地用针头去挑。

明代高濂《遵生八笺》介绍清閟阁的环境是："苔藓盈庭，不容人践，绿褥可爱。左右列以松桂兰竹之属，敷纡缭绕。其外则高木修篁，郁然深秀，周列奇石。东设古玉器，西设古鼎、尊罍、法书、名画。"高雅的环境配高洁的名士，每到天气晴好之时，倪瓒就会在园中"杖履自随，逍遥容与，咏歌以娱"，所有望见他的人都赞叹，倪瓒是一位世外高人。清閟阁的庭院场景特别有画面感，画家注重构图，倪瓒的绘画修养对营造这处庭院颇有助益。

元代张雨为倪瓒画了一幅像，倪瓒坐在中央的床榻上，背后是绘有山水的屏风（图15）。这幅画像里最传神的大概要数旁边的童子，通常童子都是拿些风雅的物件，如鼎彝书画之类，但这个童子却拿了一个扫把，一看就是追随倪瓒的童子，

图14 （元）倪瓒《狮子林图》
（北京故宫博物院藏）

每天最重要的工作是擦拭梧桐、打扫庭院、挑拣落叶。

我们回到倪瓒的绘画，他的画风对造园有什么影响呢？泛泛看来，倪瓒的绘画大同小异，基本都是近景有一片丘峦，上面种些树木，有时会点缀亭台；中景有非常大的水面，对岸是远山（图16）。高居翰对这种构图做了一个精辟的总结，叫作"隔江山色"。这种构图与中国园林的布局是同构的，体现出倪瓒绘画对园林的影响。童寯先生指出，繁体"園"字，上面的"土"代表房屋，中间的"口"代表水池，下部的"衣"代表山和树，外围加上一圈围墙，就变成一座私家园林。所体现的正是"隔江山色"的布局。

元明时期倪瓒得到很高的推崇，如果家中挂一幅倪瓒的画，就会被称赞为高士，倪瓒的绘画由此潜移默化地影响到许多人。高居翰将这种构图与倪瓒的"洁癖"相结合，上升到更高的精神层面："倪瓒终其一生都在重复着相同的画面，墨色的浓淡变化不大，造型单纯自足，塑造单纯自足，清静平和，没有任何景物会干扰观众的意识。这类绘画显示了同样的洁癖，同样离群索居的心态，以及同样对平静的渴望。倪瓒的画是一份远离腐败污秽世界的感人告白。"

宋元绘画风格的不同，揭示了造园风格的巨大转变。宋代绘画多为高远的壮观山水，以倪瓒为代表的元代绘画，则多为平远的宁静山水；宋代的山水画多为竖向构图，园林中的悬崖峭壁多效仿宋画；元代的山水画则多为横向构图，促生出一种更具自然倾向的叠山风格。

图15 （元）张雨《倪瓒像》（台北故宫博物院藏）
图16 （元）倪瓒《江岸望山图》（台北故宫博物院藏）

曹先生指出："元代四大家的山水小景对造园艺术影响很大，黄子久的矾头，倪云林的水口，成了后世造园叠山理水的粉本。"倪瓒对造园的影响更多体现在理水方面，明清园林里经常看到层层跌落的水口，与倪瓒画中的景象非常相似（图 17）。

影响叠山的重要画家是黄公望。高居翰指出，早期画家笔下通常是一整座山，但黄公望画中的"山脊不是一整片山体，而是由一群灵活呼应的小墨块组成"，从而产生一种节奏感（图 18）。画中山体是一段一段的，"当观者的视线往上攀升，可以看见浑圆鼓起的山形与黑色的树丛轮流出现；方形的山头在适当的地方权充间隔，打断连绵的走势，有几处平顶的山脊还向两旁延伸"。从中可以感受到前进上升与宁静中止两种力量的交织。黄公望的绘画完成了对山体的概括，这种概括对于造园家极具启发，可直接用于指导园林中的叠山实践。

借用顾凯《画意原则的确立与晚明造园的转折》一文的总结，唐宋时期王维《辋川图》、司马光《独乐园图》，属于"园林入画"的时代，园林被画到图画之中；元明时期人们效仿倪云林、黄公望的绘画来造园，则进入到"园林如画"的时代。至此，园林与绘画的互动影响真正得以成立，并达到了非常高的程度。

第三阶段：匠师造园

第三阶段是由职业造园匠师主导造园，这也是造园行业

真正确立的标志。

明清时期涌现出大量的造园家，但早期已有零星的出现，如宋代的"吴兴山匠""朱勔子孙"。早期一般是概称，较少有具体的名字，越到后期造园匠师的名字越多，体现出他们在造园中地位的提高。

曹先生的《中国造园艺术概说》包括三个三段论。第一个是皇家园林与私家园林的消长，最终私家园林占据上风，皇家园林要聘请民间造园家来主持。清代康熙皇帝建造畅春园，请的是张南垣的儿子张然。

第二个是叠山艺术发展的三个阶段，第三阶段以真实尺度再现自然山峦的局部，平冈小坂、陵阜陂陀，体现了中国叠山艺术的成熟。这种叠山风格是由张南垣开创的。

第三个是园林艺术中诗情画意的发生发展，最后成熟的标志是由精通诗情画意的职业造园叠山家来主导造园，其中最经典、最优秀的代表，也是张南垣。

张南垣是曹汛先生研究中国造园艺术最重要的寄托所在。高居翰研究园林绘画，提到"我对不同绘画形式及绘画目的的思考最后常常导向同一个结论，即张宏的《止园图册》是目前所能见到的最为真实生动地再现了中国园林盛时风貌的画作"。曹汛先生也是如此，他从不同的角度分析中国园林，最后总是归结在张南垣身上。张南垣的成名标志着中国造园艺术最后的成熟。我们系列讲座的最后一讲，将会介绍张南垣的造园叠山成就。

图 17 （元）倪瓒《幽涧寒松图》中的水口（台北故宫博物院藏）
图 18 （元）黄公望《天池石壁图》中的山体（北京故宫博物院藏）

5. 中国园林的国际影响

中国园林如此精彩，其国际地位如何呢？最后来看中国园林的国际影响。

张南垣并非孤立的个体。在17世纪初期和中期，世界各地的造园活动都非常兴盛，这是世界造园史上的黄金时代。日本出现了小堀远州，法国出现了勒诺特尔，稍后18世纪的英国出现了兰斯洛特·布朗。一时间，世界各地的造园巨匠齐头并出，东西互映。作为中国造园家的代表，张南垣有丰富的实践和精辟的理论，贡献和影响巨大。与张南垣同时的还有计成，之后有戈裕良，他们都是中国造园叠山史上标杆性的人物。

张南垣本人的作品存世极少，但张南垣一派的作品还有留存，最重要的代表就是无锡的寄畅园（图19）。从寄畅园中可以体会到张南垣造园的许多特点。2017年是寄畅园建园490周年，我们邀请曹先生到寄畅园做了一个讲座，后来整理发表为《江南园林甲天下，寄畅园林甲江南》，对这座江南名园做了全方位的剖析。

中国园林对许多国家都产生了影响。

就东亚而言，中国造园艺术很早就传播到日本、朝鲜、越南等邻近国家。日本庭园在吸取中国造园艺术精华的基础上复合变异，生发出自己的特点，如著名的"枯山水"。尊师重道的日本人不忘风雅的根源，把"枯山水"叫作"唐山水"。

就欧洲而言，18世纪欧洲兴起中国热，法国传教士率先介绍了中国的造园艺术，不过最早产生实际影响是在英国。苏格兰人威廉·钱伯斯来到广州，一下子迷上了中国园林，回国后辞去工作，专心到法国、意大利学习建筑，学成归国做了宫廷园林建筑师，为王太后主持了丘园的设计。丘园是英国，也是欧洲第一座中国式园林，中国园林从此走入了亚洲以外的世界。

1773年，德国人温泽在《中国造园艺术》一书中，把中国造园艺术称为"一切造园艺术的模范"。1983年，德国女园艺家玛丽安妮·鲍榭蒂在《中国园林》一书中，称赞中国园林是"世界园林之母"。这些都体现了国际人士对中国园林的认可。

到20世纪，许多欧洲人士，如瑞典学者喜龙仁在1922年、1929年和1935年多次到中国搜集资料，1948年出版《中国园林》一书，成为世界上首部系统介绍中国园林的外文专著。

除了各种分析中国园林的论文和著作，今天中国园林也以实体的形式走向海外，目前有200多座海外中国园林，展示了中国园林艺术的国际影响。

曹汛先生总结道："人们好说21世纪是东方的世纪、中国的世纪。可以预言，中国造园艺术将来必定风靡于世界，成为全世界寻找丢失掉的东西——回归大自然的一个思想源泉。"这是对中国园林非常有力的概括和展望，带给我们积极和乐观的精神，在未来将中国园林继续发扬光大、推向世界。

图19　无锡寄畅园（锡惠公园管理处提供）

附：中国的叠山名家

刘珊珊：下面我来介绍曹汛先生对中国古代叠山名家的研究，主要内容是基于他的一篇文章——《明末清初的苏州叠山名家》，也收在《中国造园艺术》这部著作中。

明末清初是中国叠山艺术发展非常关键的一个时期。现在通常按照朝代划分，宋代、元代、明代、清代，把明清分开来讲；但从艺术发展的角度看，明末清初虽然属于两个时代，关系却特别密切。这个特点在许多领域都有体现，如美术史学者高居翰有一本书《气势撼人——17世纪中国绘画中的自然与风格》，也是打破了明清的断代，整体讲17世纪中国绘画取得的艺术成就。曹汛先生《明末清初的苏州叠山名家》一文，先整体介绍这一时期中国叠山名家的总体情况，然后对重要的叠山家一一介绍。

曹先生非常关注明末清初，认为这是中国造园史上的黄金时代。这是一个群星璀璨的时代，曹先生推崇的造园大师张南垣、撰写《园冶》的计成、《长物志》的作者文震亨、《闲情偶寄》的作者李渔，都生活在这个时代。

《明末清初的苏州叠山名家》主要介绍17世纪苏州的叠山名家。当时的叠山家非常多，因此文中做了限定，所选人物并非一定是苏州人，但必须在苏州留下过叠山作品，才能被选入其中。按照这一标准，这篇文章一共介绍了9个人物：许晋安、周秉忠、周廷策、张南垣、文震亨、陆俊卿、陈思云、张然和王君海。下面重点介绍前面三位——许晋安和周秉忠、周廷策父子。三人都是张南垣之前的叠山家。张南垣代表了中国叠山的第三阶段——现实主义时期的杰出成就，这三位则代表了中国叠山的第二阶段——浪漫主义时期的杰出成就。

许晋安

关于许晋安的资料不多，目前发现的主要是张凤翼的《乐志园记》。张凤翼是园主，在记中提到园林设计是由许晋安主持。

张凤翼称："许故畸人，有巧思，善设假山，为余选太湖石之佳者，于池中梯岩架壑，横岭侧峰，径渡参差，洞穴窈窕。层折而上，其绝顶为台，可布席坐十客。城外诸山，若鸿鹤，若磨笄，若天福，若五洲，环回带拥，烟岚变现。"

许晋安善于用石，并且主要是用太湖石，层叠而上，顶部为台，宛如自然真山的具体而微，体现了中国叠山第二阶段的特征。第二阶段"小中见大"的假山通常不可登临，但乐志园这座假山可以入山游玩，还可以在山顶眺望城外的群山，体现了第二阶段叠山的丰富性。

周秉忠

周秉忠的资料相对多一些，至少有三条。

袁宏道《园亭纪略》称："徐同卿园在阊门外下塘，宏丽轩举，前楼后厅，皆可醉客。石屏为周生时臣所堆，高三丈，阔可二十丈，玲珑峭削，如一幅山水横披画，了无断续痕迹，真妙手也。"

江进之《后乐堂记》称："径转仄而东，地高出前堂三尺许，里之巧人周丹泉，为叠怪石作普陀天台诸峰峦状，石上植红梅数十株，或穿石出，或倚石立，岩树相间，势若拱匝。"

范允临《明太仆寺少卿与浦徐公行状》称："里有善垒奇石者，公令垒为片云奇峰，杂莳花竹，以板舆徜徉其中。"

袁宏道提到的周时臣和江进之提到的周丹泉就是周秉忠。他所叠假山如一幅山水横披画，体现了"园林如画"的影响；"叠怪石作普陀天台诸峰峦状"，又体现了写仿真山的手法。

众人提到的周秉忠设计的徐同卿园，就是今天苏州留园的前身——东园，当时属于徐泰时所有。范允临是徐泰时的女婿，也是止园园主吴亮的好友，后来周秉忠的儿子周廷策为吴亮设计了止园。从中可以看到当时错综交织的社会关系网络。

周秉忠不仅擅长造园叠山，还是画家和雕塑家，在工艺美术方面也有很深的造诣。明代文人钟惺为周秉忠写了一首诗《赠丹泉周翁时年八十二》："闻名久不信同时，敢谓今朝真见之。"周秉忠在他眼中宛如明星一般，使他不敢相信自己居然与这样的天才人物属于同一时代。这表明这些名工巧匠拥有较高的社会地位，足可与文人名士平起平坐。

周廷策

周秉忠的儿子周廷策也兼有多种身份，擅长雕塑、绘画，但最拿手的是造园叠山。徐树丕《识小录》介绍他："茹素，画观音，工叠石。太平时江南大家延之作假山，每日束修一金，

遂生息至万。"周廷策为人叠山，每天的工资有"一金"之多，可见社会认可度之高。

前面提到周秉忠为徐泰时叠造东园假山，周廷策则为徐泰时的夫人塑过不染尘观音殿的观音像。周廷策还跟薛益一起创作了《十八学士图》，周廷策作画，薛益写书法。沈德潜《周伯上画十八学士图记》称赞他"伯上吴人，画无院本气"，评价非常高。

目前已知周廷策最重要的造园叠山作品，是为吴亮设计的止园。2010 年曹汛先生在中国国家图书馆发现吴亮的《止园集》，确认吴亮正是止园的园主，极大地推进了止园的相关研究。

天启七年（1627 年）画家张宏创作了 20 幅《止园图》，其中两幅描绘了园中的飞云峰假山，以高架叠缀为工，不喜见土，体现了中国叠山第二阶段的特征。同时园中又有一座黄石假山，用黄石散乱布置，平冈小坂，和环境很是协调，表明周廷策并不是一味追求高架叠缀，展示了从第二阶段向第三阶段的过渡。

周秉忠、周廷策父子处在江南造园叠山的黄金时期，他紧随张南阳之后，比张南垣和计成略早，周氏父子可以说是前张南垣时代最著名的造园大师了。在他们之后，张南垣开创新的流派，将中国的造园叠山艺术推向巅峰，明天我们再做介绍。

三、造园大师张南垣

王明贤（主持人）：各位老师，同学们，中央美术学院建筑系列讲堂第三讲现在开始，今天上午主要是讲造园大师张南垣。张南垣是世界首屈一指的造园大师，但是我们原来对他的了解太少了，非常可惜。曹汛先生经过近60年的研究，对张南垣做了非常系统的研究，从史源学、年代学角度做了非常好的分析。今天的演讲稿就是根据曹汛先生历年的研究整理的。有请黄晓老师为我们讲述。之后会播放曹先生的寄畅园视频。最后会介绍叠山大师戈裕良，他代表了中国古典叠山艺术的终结。

黄晓：大家好，今天是系列讲座第三讲。昨天第一讲是中国造园艺术，重点介绍了曹汛先生分析园林的三个三段论，每一段最后的终结都是以张南垣作为高峰。第二讲是中国叠山名家，9位明末清初的叠山名家介绍了3位，这9位中的第5位就是张南垣。可以说，通过昨天的两场讲座，已经为张南垣的出场做了充分的铺垫。本讲的核心材料是曹汛先生的《造园大师张南垣——纪念张南垣诞生四百周年》一文，收在《中国造园艺术》一书的下编。曹先生提倡年代学和史源学方法，张南垣研究是他在这两个领域的研究典范。这篇文章是为了纪念张南垣400周年，之所以能够纪念，是因为曹先生考证清楚了张南垣是在哪一年出生的，展示了年代学和史源学研究的深度结合。

《纪念张南垣诞生四百周年》一文完成于1987年。此前曹先生已发表多篇研究张南垣的文章。第一篇《张南垣生卒年考》发表于1979年，距今正好40年。王明贤老师提到曹先生研究张南垣已有近60年，是从1963年曹先生研究叠山艺术算起，而相关成果的初次发表，是在改革开放以后。

此后曹先生发表了一系列文章。1981年发表《清代造园叠山艺术家张然和北京的山子张》，论述张南垣的儿子张然。1984年发表《跋李良年：书张铨侯叠石赠言卷》，也是分析张南垣的传人。2007年发表《追踪张熊：寻找张氏之山》，介绍张南垣的另一个儿子张熊。2008年发表《史源学材料的史源学考证示例：造园大师张然的一处叠山作品》，从史源学角度分析张然的作品。2009年发表的《张南垣的造园叠山作品》非常重要，是曹先生张南垣研究的集大成之作，他经过数十年的时间，考证出张南垣的25处作品。湮没在历史中的一位400年前的叠山家，能够找到其25处作品，这是一个非凡的数字。最后一篇是2017年的《江南园林甲天下，寄畅园林甲江南》。张南垣建造过许多园林，但都没有保存下来，无锡寄畅园出自张南垣的侄子张鉽之手，完美体现了张南垣开创的造园风格。

曹先生还有很多尚未发表的张南垣相关研究，但文稿都已完成，我们接下来会协助曹先生整理《造园大师张南垣》这部著作，希望能将这部凝聚了他一生心血的著作尽快出版，还原张南垣这位造园大师应有的地位。

1. 张南垣的时代

我们先来看曹先生对张南垣的定位。

"张南垣名涟，字南垣，松江华亭人，后迁嘉兴。张南垣是我国一代造园大师，他开创了一个时代，创新了一个流派，对我国园林文化的发展作出了极大的贡献。"

所谓张南垣开创了一个时代，这个时代是什么样子呢？张南垣所处的是一个群星璀璨的时代。各个领域星光灿烂，历史上有过多个这样的时代，中国的唐朝、欧洲的文艺复兴，张南垣所处的晚明也是名家辈出的时期。科技方面有李时珍、徐光启、徐霞客、宋应星。文学方面有汤显祖、公安三袁、钟惺、冯梦龙、凌濛初；钟惺社会地位很高，但他为叠山家周秉忠写过一首诗，表现出极大的敬意，体现了当时专业叠山家社会地位的提升。绘画方面山水、花鸟、人物等画种都大有发展，并展开了文人画南北宗之争，张南垣叠山跟绘画很有关系，体现了南派和北派的分别，已经非常细致地介入到绘画领域中。园林方面有文震亨《长物志》、陈继儒《岩栖幽事》《太平清话》、屠隆《考槃余事》《山斋清供笺》、陆绍珩《醉古堂剑扫》、林有麟《素园石谱》等大量著作出版。这些著作非常重要，一个行业的发展通常是始于大量的实践，当实践越来越丰富，就要进行理论提升，这时就会出现很多专著，表明造园行业已经到非常辉煌的阶段。

曹先生概括张南垣所处的时代是："张南垣正造就在这样一个文化氛围之中。他经过顽强不懈的努力，终于在造园叠山这个艰难、高深的艺术领域，为时代作出了卓越的贡献。"

张南垣的这种地位，在当时是如何体现出来的呢？当时为他立传的志书非常多，包括《华亭县志》《娄县志》《松江府志》《嘉兴县志》《嘉兴府志》《浙江通志》《清史稿》，从县到府，再到省和国家，不同的行政单位都纷纷为张南垣立传，可知他得到了社会各个层面的承认。

从曹先生对这批资料的分析，可以感受到他寻找和组织资料的巧妙之处。以上七种志书可以分成三组：

《华亭县志》《娄县志》《松江府志》构成第一组材料。张南垣住在松江府西城河这一带。从地图来看，明清之际，松江府有一个变化：明代松江府只设华亭县，顺治十三年（1656年）府城分成两部分，西部为娄县，东部为华亭县。写作《娄县志》的清代，张南垣居住的位置属于娄县，所以《娄县志》为张南垣立传。康熙年间编纂《华亭县志》，追认前朝的事实，认为当年张南垣是住在华亭的，因此也为他立传。这样张南垣就同时出现在两个县志里。华亭县和娄县合起来是松江府，因此编纂《松江府志》的时候，府志里也有张南垣传。

《嘉兴县志》《嘉兴府志》《浙江通志》构成第二组材料。张南垣50岁时从松江搬到了嘉兴，住在嘉兴县。因此《嘉兴县志》为张南垣立传，上一级的《嘉兴府志》和再上一级的《浙江通志》都为他立传。张南垣的名气从他生活的小县城，一直上升到府一级和省一级。由于他成就非常高，最后得到了国家层面的承认，被写入了《清史稿》中。

通过对志书的分析，可以感受到当时社会对张南垣的认可。中国数千年的造园艺术人才辈出、群星灿烂。"但是以一个平民出身的造园匠师，居然能列名于正史，享有专传，屈指数来，也只有张南垣一人而已！"用今天的标准看，张南垣相当于获得了"国家最高科学技术奖"。

做研究时材料是一条条找到的，需要将它们组织起来表达一个完整的主题，得出结论。以上这些志书反映出张南垣的重要地位，但其内容不一定全部可靠，也可能会出现问题。这些志书都成于清代，《清史稿》又为张南垣列了专传，所以后来很多人误以为张南垣是清初的人。那么张南垣属于明代还是清代呢？这是一个年代学的问题。

曹先生在文中委婉地指出，20世纪初梁任公谈起张南垣，把他叫作"清初华亭张南垣"，此后许多前辈学者，都说张南垣是清初人。有时说得具体，还将他列在石涛之后，甚至于说他是"清中叶"的叠山家。"这种情况，虽贤者亦在所难免。"然而却是不准确的。

要解决年代学的问题，需要从史源学入手。虽然梁启超讲张南垣是清初人，但他跟张南垣差了几百年，一定是看到什么材料才会得出这样的观点。史源学的方法，就是一定要追索到最本原的依据，才能增强观点的可信度。

经过一系列的考证，曹先生判断，张南垣为清初人这一误会的直接根源出自李斗的《扬州画舫录》。李斗说："扬州以名园胜，名园以叠石胜。余氏万石园出道济手，至今称为胜迹。次之张南垣所叠白沙翠竹江村石壁，皆传颂一时。"在他的论述序列里，张南垣排在道济后面。

道济是清初的著名画僧石涛，因此后人讲叠山，便将张南垣排在石涛之后，当作清代人。后来有人看出一些破绽，钱泳《履园丛话》又提出一个说法。他说："堆假山者，国初以张南垣为最，康熙中则有石涛和尚，其后则有仇好石、董道士等。"钱泳纠正了李斗的错误，把张南垣放在石涛前边，但称张南垣为国初还是把他视为清代人，并没有真正解决年代学的问题。要弄清张南垣到底是哪个时代的人，还需要更进一步的史源学依据。

2. 张南垣的生平事迹

曹先生研究张南垣最初的重要贡献，就是考证清楚了张南垣的生年。他在《张南垣生卒年考》开头，有一段富有诗情画意的介绍："明朝万历十五年一个杨柳春风的日子，江南松江府华亭县西门外西城河上的一个市民家里，诞生下一个黑胖结实的婴儿，后来长大成人，他就是张南垣。"从中可以感受到研究者对研究对象充满温情的关怀。这段文字涉及三个方面信息，就像小说的基本要素一样，谈到了时间、地点和人物。那么，曹先生如何确定张南垣是在万历十五年（1587年）出生，生在杨柳春风的时节，而且一出生就黑胖结实呢？

1）时间

张南垣的相关资料非常多，但所有资料都没有记载他的生年。只有钱谦益的两首诗，从侧面暗示了张南垣的出生时间。

张南垣为钱谦益造过拂水山庄，两人属于设计师和甲方的关系，甲方为设计师写的诗，自然要比两百年后的李斗和钱泳可靠一些。

钱谦益《云间张老工于累石许移家相依赋此招之二首》第一首写道：

"百岁平分五十春，四朝阅历太平身。长镵短扆全家具，绿水红楼半主人。

荷杖有儿扶薄醉，缚船无鬼笑长贫。山中酒伴更相贺，花发应添爱酒邻。"

诗中的"百岁平分五十春，四朝阅历太平身"提到张南垣的年龄。"长镵短扆全家具"，是叠山师需要的各种工具；建造的园林称作"绿水红楼"，虽然是给甲方建的，设计师也可以算是半个主人，这是对张南垣职业的介绍。"荷杖有儿扶薄醉"，描写晚年的幸福生活。"杖"这个字在第二首诗里也有出现，称作"有钱拄杖已忘贫"，这是考证张南垣生年非常重要的依据，后面还会提到。

"百岁平分五十春"表明写诗这一年，张南垣是 50 岁。很多古代文人的诗集是按年编排的，钱谦益的集子也是如此。借助前后的诗文考证，因为有些诗会标出写作时间，确定这两首诗作于崇祯九年（1636 年）。古人的年龄通常按虚岁计算，据此向前推 49 年，张南垣应生于万历十五年（1587 年）。这是第一条证据。

诗中的另一句"四朝阅历太平身"，印证了这个判断。张南垣经历了四个朝代，从万历十五年到崇祯九年正好有四个皇帝。虽然如此，但它们属于同一条证据。历史研究讲究孤例不证。如果只有一条依据，可信度是要有所保留的。

而且"五十"这个数字有点独特，古人作诗常用模糊的概念，可以确指五十，也可能是接近五十。那么钱谦益在诗中是确指还是虚指呢？这就涉及刚才提到的另一个关键词。诗人反复提到"荷杖有儿扶薄醉""有钱拄杖已忘贫"，《礼记·王制》提到："五十杖于家"，古人 50 岁的一个标志是可以拄拐杖了。由此可知，张南垣在这一年正好 50 岁，因此钱谦益才会一再强调"荷杖""拄杖"。

我们说孤例不证，两条例子仍然单薄，如果能有三条，可信度就会大大提到。曹先生又找到了钱谦益的另一首诗《辛未元旦次除夕韵》。这是钱谦益写给自己的，提到"流年赴壑值斯晨，历落艰危五十春"，诗中出现"五十春"一词。辛未是崇祯四年（1631 年），这一年钱谦益恰好 50 岁。可见钱谦益说起 50 岁的时候，不管是说自己，还是说别人，用的都是准确数字。古人好说人生百年，50 岁正好是百岁之半，儒家又有"五十而知天命"的旧说，所以值得特意举出。

行文至此，对张南垣生年的考证已经相当细致严密了。但曹先生又找到第四条证据，将结论进一步考实。

张南垣 50 岁时已经以造园叠山名满江南，他过生日时江南士大夫争相为他贺寿，因此不止有钱谦益的诗，传世还有李雯的《张卿行》，他受父亲嘱托为张南垣祝寿。这首诗再次提到"五十何妨作少年，杨柳春风桑落酒"。这里含有很多信息，不但印证了"五十"这个年龄，还指出了张南垣出生的时节。桑落酒是在桑叶落下的暮秋时节酿造的，乍一看，张南垣似乎生于秋季。但"杨柳春风"又是春天。那么张南垣是出生在春天还是秋天？这些都需要做细致的判断。桑落酒是秋天的酒，但祝寿却是在春天这个非常美好的时节，因为春天可以喝秋天的酒。

通过对张南垣生年的考证，曹先生展示了史源学和年代学方法的运用。曹先生对材料的运用非常充分。如果有一分材料说三分话，就会显得夸张、过度，结论不够可靠；如果有三分材料说一分话，则会让人觉得不尽兴，材料的价值没有得到充分运用。曹先生会把材料用足，有一分材料说一分话，绝不多说也绝不少说。这种对研究深度的把握，特别值得学习。

有这四条证据，曹先生非常有信心地得出结论："张南垣生于明万历十五年，至此完全可以敲定坐实。"以上就是时间、地点、人物三要素里，关于时间的论证。

2）地点

曹先生对张南垣居住地的考证，与对时间的考证风格很不一样。时间有四条证据，资料非常丰富，但居住地的资料非常少。当材料不足时，应该如何展开研究呢？

乾隆五十三年（1788 年）的《娄县志》提到，明代张南垣在松江是"居西郊"，嘉兴《松江府志》转引了这个说法。

乾隆五十三年是 1788 年，离张南垣已有 100 多年，因此这个材料并非当时人的记载，不及钱谦益和李雯的诗可靠。不过《娄县志》出自陆锡熊之手，他是总纂《四库全书》的著名学者，又是当地人，这个说法应该有一定的根据。

华亭西郊有一支"城河张"，这处西城河在什么地方呢？

光绪《娄县续志》提到张南垣居住在松江府，这时已经分成娄县和华亭县，"西门外大街自寺基街以西至秀野桥，居民稠密"。这一带有个地名称作张坊，是根据姓氏命名的，居住者着大量姓张人士，张南垣很有可能就住在这一带。

关于张南垣居住地的记载实在太少，只有两条间接证据。因此曹先生又返回到钱谦益的《辛末元旦次除夕韵》。诗曰："移山莫问河滨叟，卜宅还招栗里邻。"张南垣是松江华亭人，住在松江之滨，可以称作河滨叟；但是此称可能还有更深层的含义，或许与张南垣住在西城河有关，这样河滨叟指代的就更为具体。

增加了这样一条证据后，曹先生对张南垣居住地的推断还是称作："张南垣很可能是住在松江西门外的西城河上。"从对于时间和地点的不同判定，可以看到曹先生是如何运用材料，如何保持学术论证的严谨性。

3）人物

最后来简单看下曹先生对张南垣的形象描述："黑胖结实"。这个特征是如何总结出来的呢？叠山家每天要挑选石头，胖一点比较有力气，结实也很重要。不过，这个特征并非曹先生想象出来的，而是出自吴伟业的《张南垣传》。

吴伟业和张南垣也是甲方和设计师的关系，两人的关系非常亲密。他给张南垣写了一篇传记，其中提到"君为人肥而短黑，性滑稽"。这样就确立了张南垣的形象，此后"黑胖结实"的张南垣就被记到了史书中。

4）生平事迹

吴伟业《张南垣传》提到很多张南垣的资料，其中称张南垣擅长造园叠山，"以此游于江南诸郡者五十余年"。这又回到年代学的问题。吴伟业《张南垣传》写于康熙七年（1668年），张南垣82岁。吴伟业称张南垣已为人造园叠山50多年，反推可知张南垣成名应在30岁左右。那么张南垣的成名作是哪个呢？

王时敏《乐郊园分业记》讲到："己未之夏，稍拓花畦隙地。其巧艺直夺天工，怂恿为山甚力。吾时正少年，肠肥脑满，未遑长虑，遂不惜倾囊听之。因而穿池种树，标峰置岭，庚申经始，中间改作者再四，凡数年而后成。"

己未是万历四十七年（1619年），这年张南垣33岁，王时敏28岁，两个年轻人一拍即合，联手建造了乐郊园，成为张南垣的代表作，一举成名。

乐郊园后来消失了，明代画家沈士充绘有《郊园十二景图》，描绘了这座园林的精彩景致（图1）。乐郊园位于城墙边上，旁边是河流，小船沿着河流驶来，穿过小桥是园林的入口。许多明代园林绘画中都绘有城墙，跟计成《园冶》

的记载相合，城墙非常适合作为园林的借景。整套图册基本是按照季节顺序展开，春夏秋冬各有不同的风景，让人感受到王时敏"倾囊听之"，把家财都投入造园中，张南垣并没有辜负他的信任。

乐郊园是张南垣的成名作，也是代表作，园主王时敏社会地位也很高，此后各种委托纷至沓来。前面提到钱谦益诗里写张南垣要搬家，这么出色的造园家，为什么50岁还要考虑搬家？钱谦益在标题里写"云间张老工于累石，许移家相依"，搬家之后还需要钱谦益照应。张南垣遇到了什么困难呢？

古代搬家是非常重大的事情，一般都是遇到了重大的变故。史书记载，崇祯八年（1635年）松江闹了一场大水，灾情严重。曹先生推测应是水灾之后，张南垣一家生计困难，因此要搬家。钱谦益是常熟人，他邀请张南垣做邻居的诗是崇祯九年（1636年）写的，本来可以成就一段佳话。但张南垣后来没有搬到常熟，而是搬到了嘉兴。虽然钱谦益有非常好的愿望，但在他邀请张南垣的第二年，他就遭人诬告被抓了起来，锒铛入狱。

可以设想当时张南垣处境艰难，一个富有的士绅愿意接纳自己，他做好准备要搬过去，忽然钱谦益遭遇了牢狱之灾；而自己家里的东西都收拾好了，因此仍然要搬家。幸亏张南垣造园叠山非常有成就，这时有一位嘉兴的士绅前来邀请，张南垣全家就搬到了嘉兴。崇祯十年（1637年）张南垣搬到嘉兴，

图1 沈士充《郊园十二景图》中的四季景致（上海博物馆藏）

同年他为吴昌时建造了竹亭湖墅。吴伟业给吴昌时的竹亭湖墅写了一首著名的长诗《鸳湖曲》，在清代诗歌史上占有一席之地。

张南垣搬到嘉兴的时候，已经名满天下。吴伟业《张南垣传》介绍他当时受欢迎的程度是："群公交书走币，岁无虑数十家，有不能应者，用以为大恨。顾一见君，惊喜欢笑如初。"

张南垣的这种地位在其他文献也能看到。与他同乡的陈继儒劝说他不要离开松江，这对松江是很大损失，陈继儒诗中评价他："南垣节侠流，慷慨负奇略。江东园主人，见之俱小却。"

昨天我们提到周秉忠在当时得到的尊重，钟惺写诗给周秉忠，说："闻名久不信同时，敢谓今朝真见之。"因为造园叠山是工匠的事情，工匠居然能够享有如此高的地位，被大文学家当作偶像一样崇拜，这是我们之前未曾料到的。张南垣当时也是类似的情况。

有如此高的名气，他的作品是什么呢？设计师一定要能拿出实实在在、让人佩服的作品。吴伟业在《张南垣传》提到，张南垣从业50多年来，在华亭、秀州、白门、金沙、海虞、娄东、鹿城等地都留下了精彩的杰作，最著名的如"李工部之横云、虞观察之预园、王奉常之乐郊、钱宗伯之拂水、吴吏部之竹亭"。

吴伟业一共举了5处。张南垣也为他建造过一座园林，位于太仓的梅村，吴伟业又叫吴梅村，就是由这座园林而来。梅村的造园水平非常高，但是吴伟业不好把自己的园子也列到名作中来，从中可以感受到古人行文的谦和，同时也可以进入到古人的语境中，体会到丰富的层次。

在这6处作品的基础上，曹先生进一步考证，1979年发表《张南垣生卒年考》时，已经找到"张南垣的造园叠山作品，有确切记载共有十三处"。此后曹先生继续发掘，2009年写作《张南垣的造园叠山作品》时，数字又翻了一番，达到25处。有了这些作品，张南垣的形象就丰富立体起来，不再是诗文中的称扬夸赞，而是能从大量的作品中，切实感受到一位叠山名家的成就，将名与实结合起来。

以上是第一部分，张南垣的生平事迹。介绍了张南垣的生年、居住地，以及人生的许多重要节点，33岁成名，50岁搬家，创作出大量的作品。有了这些作品，才能够理解为什么曹先生说，张南垣开创了一个新的时代，创新了一个新的流派。

在这部分的结尾，曹先生将张南垣和计成作了比较，评判他们的成就和贡献。计成比张南垣早生5年，是明代造园非常重要的人物。曹先生《中国造园艺术》的下编是造园名家，一共6篇文章，第二篇讲计成，纪念计成诞生400周年，第三篇讲张南垣，纪念张南垣诞生400周年，是按时间先后编排的。

然而在曹先生心里，张南垣的地位要比计成高。因此他评价："计成比张南垣早生 5 年，但是转行从事造园叠山要比张南垣为晚，写出造园专著《园冶》更在张南垣成了大名以后很久。"我们从字里行间可以体会到他对张南垣寄予的感情。虽然如此，曹先生对两人的评价还是非常精辟的，他认为"智者造物，能者述焉"。张南垣偏实践，计成偏理论，理论与实践相互成就，不可或缺。张南垣的出现，标志着我国古典园林及其叠山艺术的成熟。

3. 张南垣的造园叠山艺术

要理解张南垣造园叠山的成就，需要从中国园林的总体特征谈起。中国园林的主流是自然山水园，核心在"山水"二字。明代邹迪光《愚公谷乘》强调："园林之胜，惟是山水二物。"清代戴名世主张造园："虽在尘嚣中，如入岩谷。"

曹先生指出，山水之中，山更为重要，即清代沈元禄所称："据一园之形胜者，莫如山。"叠山是中国园林非常重要的特点。世界三大园林体系中，其他两大造园体系只有造园艺术，没有叠山艺术；但在中国，造园艺术与叠山艺术是一而二，二而一的一体之两面。对中国来说，造园最核心的艺术就是叠山。

我们昨天提到中国古代造园叠山经历了三个阶段：第一阶段是真实地再现整座大山，属于自然主义；第二阶段是缩微地象征一座大山，属于浪漫主义；第三阶段是用真实尺度概括再现真山大壑的局部，属于现实主义。这三个阶段形成螺旋上升的过程，后者高于前者，中国古代造园的高峰是第三阶段，代表人物则是张南垣。

第三阶段现实主义的艺术追求，在明代是逐渐成为时代共识的。张南垣的老乡，松江画家莫是龙在《笔麈》提到："余最不喜叠石为山，纵令纡迴奇峻，极人工之巧，终失天然。不若疏林秀竹间置盘石，缀土阜一仞，登眺徜徉，故自佳耳。"他反对叠石成山，认为过于人工，而是推崇堆掇土山，别具天然之趣。前者属于第二阶段的石山，后者则是第三阶段张南垣土石相间的假山。

在吴伟业的《张南垣传》中也能看到张南垣对石山的批评："好事之家，罗取一二异石，标之曰峰，……而其旁又架危梁，梯鸟道，游之者钩巾棘履，拾级数折，伛倭入深洞，扪壁投罅，瞪盼骇栗。"这些石头价值连城，花费极多，运送时甚至需要毁坏桥梁和城门，而堆掇出来的石山，则矫揉造作，游览体验并不佳。

作为造园家要有破有立，张南垣反对矫揉造作的石山，那么他推崇什么风格呢？张南垣主张堆叠土石相间、浑然天成的假山。吴伟业在传记中写得非常生动：张南垣路过那些石山，点评道："这怎么能算懂得堆叠假山呢？堆山应该做成平冈小坂，陵阜陂陀，版筑之功，几天就可以完成；然后再错之以石，棋置其间，周围种上竹林，围上矮墙，一座俨若真山的假山就叠成了。"

康熙年间无锡的秦松龄委托张南垣的侄子张鉽，对寄畅园做了全面改造，使寄畅园跃升为一座江南名园。园中的八音涧假山体现的就是张南垣推崇的风格（图2）。

土石相间的假山是新造园风格的一部分，与对早期"方塘石泐"的批评联系在一起。今天无论在拙政园还是留园，池岸都是曲折的，人们已经非常习惯。但如果看早期绘画中的园林，会发现早期园林里并不是弯曲的河岸，而是整齐的方池。从方池到曲池的风格转变，也是通过张南垣完成的，他的造园主张之一便是"方塘石泐，易以曲岸回沙"。

吴伟业的《张南垣传》生动描述了张南垣的造园过程，极具小说的场景感。他说："张南垣从事造园叠山多年之后，土石草树，咸能识其性情。每到造园之时，乱石林立，或卧或欹。他站在各种材料之间，踌躇四顾，正势侧峰，横支竖理，皆默识在心，借成众手。"张南垣"常高坐一堂，与客谈笑，呼役夫曰：某树下某石，置某处。目不转视，手不再指。若金在冶，不假斧凿。甚至施竿结顶，悬而下缒，尺寸勿爽，观者以此服其能矣。"

张南垣叠山别出心裁。一开始好像无法叠成，直到最后一步，才"天堕地出，得未曾有"。他叠山的过程也很像艺术表演，像一个行为艺术家，甚至让人想到唐代公孙大娘舞剑的过程，激动人心。有一次他在朋友屋前效仿荆关老笔叠山，将画意融入假山之中，整个过程中"对峙平城，已过五寻，不作一折。忽于其颠将数石，盘亘得势，则全体飞动，苍然不群"。这种山峰微倾的假山，给人一种威压之势，具有很强

的艺术感染力。这里提到的荆关老笔指荆浩和关仝，后面我们还会讲到绘画与叠山的关系，不同的绘画风格如何来指导叠山。张南垣对此有精微的传承和创新。

张南垣的叠山技术出神入化，因此有很多崇拜者和追随者。这些追随者"有学其术者，尽其心力，以求仿佛"。他们的作品远看很像是张南垣的风格，但在真正的行家眼中，马上就能鉴定出，这并非出自张南垣之手，仍然差许多火候。张南垣的叠山能够被人竞相模仿，表明它已成为一个品牌，具有非常高的艺术成就和市场价值。

曹先生文章的第四部分对张南垣的造园风格进行总结，共有四条：

一是造园与绘画之间的关系。张南垣"以山水画意通之于造园叠山，有黄、王、倪、吴笔意"。黄公望、王蒙、倪瓒、吴镇是"元四家"，张南垣效仿他们，造出来的园林，"峰峦湍濑，曲折平远，巧夺化工"。中国绘画发展到明代，出现南北宗的观点，基本可以反映宋元的区别。张南垣叠山主要走元画的风格，呈现出山水平远之感。但他作为一代大家，虽然主流效仿元画，但也有效仿宋画风格的作品，前面提到的效仿"荆关老笔"，就属于宋画风格，展示出张南垣百科全书的一面。

明代叠山有"二张"，张南阳和张南垣。他们的名字特别像，但其实是两代人。两人的叠山风格也分别代表了两个时代，张南阳是叠山第二阶段的代表，张南垣是第三阶段的代表。

2

传记中提到两人叠山，都与绘画进行了比较。张南阳是画画出身，后来不再作画，转行造园叠山，将绘画的心得融入其中，所叠假山"沓拖逶迤，嶒嵘嵯峨……而奇奇怪怪，变幻百出，见者骇目恫心，谓不从人间来。"这是第二阶段小中见大的假山，体现了宋画的风格。对张南垣的描述则是"经营粉本，高下浓淡，早有成法。随皴随改，烟云渲染，补入无痕"。他营造的园林是"即一花一竹，疏密欹斜，妙得俯仰"，自然的趣味更为浓厚，体现了元画的风格。这两派风格的背后都有许多文化的积淀。

《图绘宝鉴续纂》卷二对张南垣运用画意造园做了非常好的总结。明代大家造园都会借鉴绘画，那么张南垣的突出之处在哪里呢？书里讲"张南垣，嘉兴人。布置园亭能分宋元家数，半亩之地经其点窜，犹居深谷，海内为首推焉。"造园叠山是有流派的，张南垣主要是元代一派，同时也擅长宋代一派。宋元的区别是中国绘画史上的巨大转折（图3）。宋画的风格主要是高远，采用竖向构图；倪瓒等元代画家则是描绘平远山水，采用横向构图，两者的区别导致了造园叠山的重要转变。一种艺术会影响另一种艺术，但过程会有一些滞后，绘画的转变是在宋元之间完成的，它们影响到造园则是在晚明完成的。张南垣"能分宋元家数"，他的作品以元代自然风格为主，但同时又能够做荆关老笔，是一个全才。

二是张南垣反对奇峰异石，反对堆叠琐碎的假山雪洞，提倡自然风格的"陵阜陂陀""截溪断谷"，疏花散石，随意布置。

中国古代对奇峰异石的欣赏至宋代"花石纲"达到顶点。花石纲最欣赏的是太湖石，太湖石形态玲珑，但难以得到，越到后来越少。那后世的人造园怎么办呢？因为太湖石的欣赏趣味已经形成，仍然要做出这种风格，但是这样巨大的石头已经找不到了，这时候不得不用较小的湖石来拼成峰石，进而发展为叠筑太湖石假山。这个过程其实是把叠山作为叠石来做，运用叠的手法做一块石头。"置石与叠山虽然都是山石艺术，然而各是一个分支"，开始的时候比较新奇，但一种事物违背了自己的内在规律，肯定是走不远的。将置石与叠山混为一谈后，以山仿石，违背了叠山的内在规律，"全石假山必然要走向琐碎、追求淫巧"。因此张南垣出来反对，应该将山仍然叠成山的样子，回归正轨。

三是张南垣提倡土山和土石相间、土中戴石的假山。

李渔受到张南垣的影响，在《闲情偶寄》里批评："累高广之山，全用碎石，则如百衲僧衣，求一无缝处而不得，此其所以不耐观也。"同时提倡："以土间之，则可泯然无迹，且便于种树。既减人工，又省物力，且有天然委曲之妙，混假山于真山之中，使人不能辨者，其法莫妙于此。"他所批评的就是第二阶段的全石假山，而推崇第三阶段的土石假山。假山与真山融合在一起，中国哲学是二元哲学，土山与石山，假山与真山，体现了阴阳交融的思想，与中国的哲学理念更为契合。

图3 （宋）范宽《溪山行旅图》中的高远山水和倪瓒《容膝斋图》中的平远山水

四是张南垣对园林布局的综合考虑，有机安排山水与建筑及花木的配置。

这种总体思维在《张南垣传》中有所体现："山未成，先思着屋；屋未就，又思其中之所施设；窗棂几榻，不事雕饰，雅合自然。"这是对建筑的考虑。"君为此技既久，土石草树，咸能识其性情。树取其不凋者，松杉桧梧，杂植成林，石取其易致者，太湖尧峰，随宜布置。"这是对花木的考虑。最后的效果是"一花一竹，疏密欹斜，妙得俯仰"。

园林是一种综合性艺术，虽然叠山很重要，但不能只会叠山，就像画画一样，不能只画一个好看的鼻子，眼睛、嘴巴配不上，并不是一幅好的肖像。对于张南垣的综合布局，张英有一首诗做了精辟的概括："名园随意成丘壑，曲水疏花映小峦。"名园中的山峦就像一位公主，曲水和疏花像两个侍女，大家合在一起，构成完美的图景。

最后来看历史上对张南垣的评价。

张南垣创作出这么多作品，对造园的实践和理论都有许多创新，人们是如何评价他呢？

吴之振说："郡人张南垣杂土叠石为假山，高下起伏，天然第一。"

康熙年间《无锡县志》记载："先是，云间张南垣涟，累石作层峦濬壑，宛然天开，尽变前人成法，以自名其家，数十年来，张氏之技重天下。"张南垣叠山天下闻名，但无锡一直没有，直到寄畅园改筑完工，无锡终于有了张氏风格的园林。

戴名世《张翁家传》称："君治园林有巧思，一石一树，一亭一沼，经君指画，即成奇趣，虽在尘嚣中，如入岩谷。诸公贵人皆延翁为上客，东南名园，大抵多翁所构也。"

基于张南垣的造园实践和古人的评价，曹先生做了一个总结："张南垣不但善于叠山理水，在园林建筑和园林花木方面，也都是精深的行家，在造园艺术的领域中，张南垣是一个全才。从明末张南垣到清末戈裕良这二百多年的时间里，在造园叠山艺术的领域，正是张南垣的时代。"

然而回到现实，张南垣这样的造园大师，后来却逐渐被历史淡忘，以至连他是哪一年出生都不知道。他曾经有这么多成就，但后世对他了解并不多，他的造园艺术在戈裕良以后也未有人继承，这值得引起今人的深思。近年来各地美化环境，所造园林假山甚多，真正能经得起推敲的，却又太少。甚至张南垣当年抨击过的那种假山，如今重新又泛滥起来，同样特别值得深思。

之所以形成这种状况，一个原因就是"不能够陶铸骚雅，涵养正声，不能够继承和发扬我国造园叠山艺术的优秀传统，从而也就丧失了美感和鉴别能力，把糟粕当作精华"。因此今天研究张南垣及其造园叠山艺术，不仅仅是为尊重历史，挖掘一个沉埋了的历史人物，更是为了给风景园林规划设计提供有益的借鉴和指导。这是今人还要再去看张南垣，再去理解他的造园艺术非常重要的一个原因。

4. 戈裕良的造园叠山艺术

曹先生引用洪亮吉的诗"张南垣与戈东郭，三百年来两轶群"，强调戈裕良是张南垣之后最重要的造园叠山大师。《戈裕良传考论：戈裕良与我国古代园林叠山艺术的终结》也是曹先生《中国造园艺术》这部书的最后一篇。

戈裕良是常州人，生于乾隆中，卒在道光中。他一生造园叠山艺术的实践，主要是在嘉庆和道光年间，下限已靠近1840年鸦片战争，古代史结束。戈裕良生年的考证，是曹先生史源学和年代学研究的经典案例，由此确认了戈裕良与常州《洛阳戈氏宗谱》的联系。

一部中国园林史，戈裕良可以算是最后一位造园叠山名家。他的故去，标志着我国古代园林叠山艺术的终结。曹先生考证出张南垣的25处作品，考证出戈裕良的8处作品，含有10个子项：（1）虎邱一榭园，（2）扬州秦恩复意园小盘谷，（3）常州洪亮吉西圃，（4）如皋汪为霖文园、绿净园，（5）苏州孙均书厅前假山，（6）江宁孙星衍五松园、五亩园，（7）仪征巴光诰朴园，（8）常熟蒋因培燕谷。每件作品，曹先生文中都有翔实的论述和分析。

戈裕良在中国造园史上的崇高地位，与他保留下的一件重要作品有关，即苏州孙均书厅前假山，也就是今天的环秀山庄（图4）。

戈裕良在张南垣叠山的基础上又有进一步的发展。张南垣反对全石假山，走向土石相间。但戈裕良的环秀山庄假山是以石为主，他吸取了张南垣的精华之后，对张南垣之前的时代进行了回应。这正是戈裕良可贵的地方。如果只是继承张南垣，哪怕学得惟妙惟肖，也只能成为张氏的传人，属于张派叠山。如何能够在大师之后重新树立标杆，成为新的大师，达到新的高峰？戈裕良结合了张南垣及其之前的艺术，将这两种风格融合在一起。

李渔在《闲情偶寄》中批评："余遨游一生，遍览名园，从未见盈亩累丈之山，能无补缀穿凿之痕，遥望与真山无异者。"但戈裕良的环秀山庄假山，正是这样一座"无补缀穿凿之痕，遥望与真山无异"的"盈亩累丈之山"。王培棠《江苏乡土志》形容为："戈氏堆假山极著名，不落常人窠臼，乃直接取法于洞府，若能融洽泰、华、嵩、黄、雁诸奇峰于胸中，布之于堆砌假山，使游人恍若登泰岱履华岳者然。入山洞如疑置身桂粤，已忘其尚在苏州城中，诚奇手也。"

曹先生对戈裕良的成就评价非常高，他看过环秀山庄假山后写下了一段充满激情的文字："在有限的空间内，模山范水，再现意境无限的山林气势，'眼中忽见山峰青，一朵芙蓉落庭际'。其高而大者，磅礴浏漓，有拔起千寻之势，令人愕眙惶恍，仿佛雷电交作，不可逼视。及夫敛险就夷，一归平淡，'陵阜陂陀''曲岸回沙'，又如空山鼓琴，沉思独往，萧寥旷远，烟火尽绝。"从中可以感受到融合第二阶段和第三阶段假山精华的作品，可以达到何等的境界。

图4　苏州环秀山庄假山（黄晓 摄）

对于中国的造园叠山，曹先生打过一个文学的比方："就像读诗要读李白和杜甫，看假山一定要看张南垣和戈裕良。"他认为张南垣更像现实主义的杜甫。杜甫是现实主义的，李白是浪漫主义的。我曾经问过曹先生："如果说张南垣是叠山界的杜甫，那叠山界的李白是谁呢？"曹先生不肯回答这个问题。我继续追问："戈裕良是否可以算得上？"曹先生哈哈大笑，不做可否，只是说："谁让人家的东西这么好呢。"

我们可以将环秀山庄和寄畅园做一个比较，从中感受叠山浪漫主义和现实主义的区别，通过两者的对比，可以获得叠山艺术更多认识。

综观我国古代的园林叠山艺术，堪称千岩竞秀、万壑争流。数起著名的造园叠山艺术家，也是人才辈出，各不相让。明代有陆叠山、许晋安、陆清音、周秉忠、周廷策、张南阳、顾山师、曹谅、高倪、张南垣、计成、文震亨、陆俊卿、张岽冈、陈似云等，清代有张然、张熊、张鉽、李渔、王君海、王石谷、龚筠谷、龚璜玉、朱维胜、张淑、仇好石、董道士、张国泰、王天於、张南山、姚蔚池、牧山和尚和戈裕良等。

在这个长长的名单里，戈裕良排在最后一位，曹先生把他称作古代园林叠山艺术的终结。这个说法很多人可能不赞同，我们今天仍然在叠山，怎么能算终结呢？我也问过曹先生这个问题。除了正面的论述，曹先生对此还有一个幽默的解释："戈裕良生活在 1764～1830 年，中国近代史从 1840 年开始。1830 年戈裕良去世后，中国很快就进入了近代，古代

已经结束了，古代的造园叠山艺术自然也就终结了。"这个解释其实还蕴含着曹先生对新时代的希望，所谓终结并不是中国造园艺术的终结，而只是古代的终结，在新时代应该有新的传承和发扬。

曹先生的《中国造园艺术》共有 12 篇文章，这两天的三场讲座，我们细读了其中的 5 篇文章，只是这本书的一小部分。曹先生有上百篇园林论文，这本书也只是其中一小部分。曹先生的研究涉及多个领域：建筑、园林、考古、美术、文学，园林也只是众多的领域之一。因此我们通过这次系列讲座对曹汛先生的认识，很像他对张南垣叠山风格的总结：截取真山局部，以想象山林全体。我们也是截取了曹先生的局部研究，来体会他的治学方法、态度和境界。曹先生向我们展示了一个学者在研究领域所能够攀登到的高度。他作为园林研究史上的一座高峰，仍然值得大家在讲座之后多多体会。

王明贤（主持人）：很感谢黄晓的发言。听了曹汛先生关于张南垣的研究，十分感慨，特别是曹汛先生对年代学、史源学的应用更使我们深有体会。中国史学百年来有了非常多的发展变化，特别是现代考古学界对中国的史学研究有了很大的影响，所以王国维曾经说：中国近代史学有四大发现：敦煌的唐代藏经、殷墟甲骨、居延汉简、清宫大内档案"八千麻袋"，这些都基本上是考古对历史的影响。但是后来"五四"时期的新史学，特别是 20 世纪四五十年代，像郭沫若等所谓新

史学论又占领了史学的阵地。到 20 世纪 80 年代以后，各种新的思潮不断出现，像国外的解构史学、新历史主义等出现，史学研究特别丰富。但是我觉得史学界"二陈"，陈寅恪、陈垣的研究非常重要，特别是陈垣的史源学、年代学研究更值得肯定。曹汛先生恰恰是陈垣先生史源学、年代学真正的继承人，所以我觉得从这里真正学到了很多东西。曹汛先生很喜欢一句话"板凳甘坐十年冷，文章不写一句空"。其实曹汛先生不是坐 10 年冷板凳，而是坐了 60 年冷板凳，但是文章不写一句空。听了曹汛先生的讲座，以及看了他的文章以后，就不敢写文章了，不敢说话了，不敢信口开河了，所以我们写文章都要言必有据，都要用史源学、年代学的方法来研究。

我们通过这三次讲座对中国园林艺术有一个总体认识，而且对张南垣研究有一个很深的认识。很感谢曹汛先生，感谢黄晓和刘珊珊的努力，也特别感谢中央美术学院建筑学院提供一个这么好的机会，让大家对曹汛先生的学术研究有进一步了解。

四、为往圣继绝学——曹汛先生学术思想研讨会

王明贤（主持人）：前面一天半的时间，介绍了造园叠山艺术诗情画意的三个阶段，进行了详细的讨论，并重点介绍了中国叠山名家，重点剖析了张南垣的造园叠山艺术。今天下午座谈会主题是"为往圣继绝学"（图1），我觉得曹汛先生完全称得起"为往圣继绝学"。我们主题有两层含义：

1. 曹汛先生为往圣继绝学，包括像张南垣这些中国古代造园大师的往圣，而且真的是绝学。

2. 希望在座的以及全国的青年学者继承曹汛先生的学术实践，也来为"为往圣继绝学"。

很高兴今天请到的都是非常有名的建筑历史学家，还有园林设计的专家，建筑方面的专家，文化学家等，今天会是非常有意思的研讨会。

下面有请东南大学教授朱光亚先生发言（图2）。

朱光亚：感谢中央美术学院提供这么一个平台，感谢明贤先生，今天来听讲座获益很多。虽然过去跟曹汛先生交往了几十年，但其实很多事情也并不知道，昨天参会才知道很多细节，如黄晓老师介绍曹汛先生在北图看书，不准拍照，要交给他们，才允许复印，这时候他们就采取一些特殊的动作来解决科研资料问题。我听了之后觉得简直有点像惊险小说。

那个时代就是那么一个时代，图书馆就是要垄断资料的占有权，现在这个时代要靠占有资料来做学问不是办法，现在我们在网上一点，很多信息就来了，所以再靠占有资料是不行的，关键是同样有这些资料，怎样研究出来？这些资料可能别人研究不出来，曹汛先生研究出来了，这就是我们要学习的。

想起来另外一位园林史研究教授，苏州城建学院的张家骥先生，当时写了两本书《中国园林史》和《中国园林论》。在写的时候，学校说这个也没有纳入科研计划，也没有什么基金、没有经费，让我们怎么给你算工作量呢？工作量等于零。实际上曹汛先生也是这样一种状况，我觉得这个时代应该过去了。

曹汛先生坚持了60年。让我也想起了其他一些细节，包括曹汛先生常写信与我讨论问题，一张纸写完了，一看没纸了就翻过来写，没地方就在侧面写，反正他兴致所到，想写什么就写什么，也不管我们能够读得下去读不下去。这几十年，确实看到曹汛先生非常艰难。这种事情我做不出来，这种成就我可以努力，但是我达不到，可能一半都达不到，但是曹汛做到了。

我能做什么呢？就是曹先生有什么困难，我帮他解决一下。所以曹先生到南方，我们尽量帮他安排，帮他联系，另外也请他给我们做过一些讲座。即使如此，他在做讲座时，就像他写信的劲头一样，可能你的思绪根本跟不上，今天看视频，旁边的人听得一愣一愣的。过去读童寯先生的文章，那一页就读了半天，消化不了，第二天再读。这里面的信息量非常大。曹汛先生给我们研究生讲了很多，关于史源学、关于年代学，就是各个争论的题目，但是大部分都理解不了，记不下来，这是一个问题。

曹先生很不幸，不幸是什么呢？就是他做学问太寂寞了，他找不到伙伴，他甚至找不到对手，就是这么一种状态。所以曹先生写文章，写着写着就急了，因为找不到对手。这种

图1　曹汛先生学术思想研讨会学者研讨
图2　曹汛先生学术思想研讨会专家发言

感觉有时候我也有，批评一个问题，痛恨得要命，但是不知道找谁去发泄，找不到人。这也是我们那个时代的一种不幸，那个时代现在结束了，看中央美术学院的这个房子，看到今天会议来了这么多人，有从外地赶过来听曹先生的报告，并且决心继续研究。今天农大的王建文老师给我讲，真了不起，踏在巨人的肩膀上，就是说我们还要继续攀登。我觉得曹先生寂寞的时代应该结束了，我们现在进入一个不再寂寞，有伙伴、有对手的时代，我们可以展开讨论，可以展开争论，是能够推动学术前进的一个时代。

我和曹汛先生接触几十年来，曹汛先生在建筑史学、园林学各方面都做了大量的工作。曹汛先生过去跟我们讲，其实他做的园林史的研究不算什么，应该说他最了不起的是在唐诗宋词的研究上。可能我们都不知道，就是他把史源学、年代学这一套方法论应用到对唐诗宋词的研究上，然后就得出来很多跟文学界、跟艺术学界不同的结论，人家一听，大吃一惊。但是曹先生这方面的才能还是发挥得有限，他最重要的是用 60 年的时间在园林史的研究上。

几十年前，曹汛先生跟我说：中国园林我研究至现在是三分天下有其二。我说可以了，我们五分之一都没有，你三分天下有其二，赶快写啊。他觉得还有三分之一没搞清楚。我就害怕了，那三分之一要搞清楚是什么时候？三分之二就可以了。在我看来，曹汛先生的贡献有三点：

贡献一：他是第一个梳理了中国园林发展的脉络，明确提出中国园林发展的三个阶段，并且提到了这三个阶段的差异。就我个人来说，20 世纪 80 年代第一次读到曹汛先生在《建筑历史与理论》上，关于张南垣叠山这一段，我的感觉就是醍醐灌顶，因为我在做园林设计，调查研究，你的才华、你的感觉、你的灵气都很重要，但是过去有一个什么样的理论形而上的概括，这个是决定性的东西，我们不清楚，我们了解很多具体的案例，但是整个发展的脉络是若明若暗的，曹汛先生清清楚楚地指出了三个阶段，尤其是张南垣的贡献，让我们一下子就明白了，我们所看到的那些园林的评价标准、好坏、造园里的中国艺术精神。在我自己心目中，这是曹先生的第一个贡献。

贡献二：他是中国建筑史学界里第一个把史源学和年代学用到建筑史学正本清源的研究当中，使得很多重大的课题得到了澄清，或者给人提出了新的思索，回答了一系列历史上的血脉问题。

就他的建树来说，目前我们还找不到第二个人能够跟他相媲美，这个座谈会叫"为往圣继绝学"，曹汛先生继承了陈垣先生的史源学，他给我讲过几次，他觉得他最根本的东西、他能够做得比别人好一些的就是学习了陈垣先生的史源学和年代学。他也给我们讲，但是我们掌握不了。继绝学就看青年一辈了，寄希望在你们身上，我自己想努力，但是估计不行了，活到老学到老，继续努力。

贡献三：他这样一种治学精神，甘于寂寞，曹汛先生经常说到两句话"板凳要坐十年冷，文章不说一句空"。不断地跑图书馆，不断地去查。这样一种治学的态度和精神，我们现在绝大多数人不具备，这是我们的问题了。

在曹汛先生的研究当中，就方法论而言，我们很强调对实物的调查。我自己做过很多园林测绘，但测绘来测绘去，就感觉到这只是一个方面。大家都知道，王国维先生等前辈们都谈到二重证据法，就是除了要实证，还必须要史料作为证据，史料的研究目前还没有一个人能够赶得上曹汛先生。西风东渐以后，高校知识分科，知识体系、学科体系基本是将欧洲文明这一套搬过来的，建筑史学、建筑学也是从这个体系搬过来的，我们学到了西方很多好的东西，包括我们面对实证、面对实物的这种实证精神。

记得爱因斯坦说过，西方的文明建立在两个基础上。一个是理性主义，另一个是实验手段，就是讲究实证。但是我们确实感觉到二重证据法，文献的证据我们功力不足，正是曹汛先生从史源学和年代学的角度使得我们在引进西学之后又发挥了中学深厚积淀的力量。今天黄晓介绍的考证张南垣为什么是一个又黑又胖的小子，曹汛先生是有根据的。他的性格是什么，为什么生在春风杨柳的季节，互相印证。我们建筑史学界一定要学习这种精神。

另外一个精神跟西学密切相连，我们是在中央美术学院来讨论问题，园林史也是一门艺术，美的问题是永恒的主题，但是除了美的问题还有另外一个领域的问题，就是真的问题，而恰恰在真的问题上，西方是比我们更讲究的。曹汛先生就这一

点是真，我跟他讨论问题，在文章里有一篇是我跟他在沈园问题上有交集，当年绍兴先找的曹汛先生去做沈园，曹汛先生调查之后，说这不是沈园，我不做了（这是我后来才知道的）。然后绍兴又找到了清华大学、同济大学、东南大学，沈园很有名，我们都要争这个东西，争的结果是我们争到了这个东西，你们不要以为朱光亚老师有什么了不起，争到这个项目其实很简单，一个就是好好干活，第二个是别动不动要钱，就这么简单。今后你们去竞争时，就把这两点做好就容易竞争，没有别的诀窍。我的老师提出一个工作方针，就是考古调查，当时不像现在动不动考古，那时候说你考什么古，浙江省考古所考古报告到现在没交出来，为什么呢？说要考一个三代的也行，实在不行汉唐的也行，考个宋代的，没意思，现在我们明清都考了。当时是通过考古来研究这个问题。

后来跟曹汛先生认识以后讨论这个问题，《钗头凤》是陆游写给他的前妻唐琬这个事儿是假的，这是曹汛先生的观点。我们做沈园时，曹汛先生给我们介绍过两派的观点，但是不管《钗头凤》真假，沈园是真的，现在曹汛先生的文章也说"沈园是错定"。今天由于时间关系，不深入讨论。我要向大家介绍的是曹汛先生求真的精神，我就跟他沟通。我说："曹汛先生，《钗头凤》是陆游写给成都一个妓女的，这个我没意见，但是陆游还有其他一首关于爱情的诗——'玉骨久沉泉下土，墨痕犹锁壁间尘。'玉骨是谁？"曹汛先生说："是他的老师。"我到现在都不服气。《钗头凤》不是历史，唐琬是明代才冒出

来的，可见宋代是没这回事的。但是在文化史上有这么一个事件，这个你得承认。曹先生觉得要反驳我也挺难，但是说这绝对不是历史，我们一定要搞清楚历史。

所以我觉得我们中国学术界在这个问题上，以及我们对中国文化自身认识需要警惕，求真是我们开展学术研究的前提。当然像曹汛先生这么较真下去，就像民国年间的疑古派一样，基本上历史都要重来一遍，因为大量的东西不是那么回事。比如无论是孔夫子，还是司马迁、尧舜禹，都是禅让的模范，但是近代发现《竹书纪年》，才暴露了一个信息，说舜杀了尧，禹杀了舜，所以易中天讲中国历史，就按《竹书纪年》来讲，中国历史充满了这种东西。就我个人来看，在文化发展史上，要注意这些问题。

但是发展到当代，无论是学术研究，还是对历史的态度上，我们强调的是求真的精神，我们不能习惯于中国老百姓求善，善是中国文化一大特点，但是这个善背后可能给我们带来的是不善的结果，这是我们必须要高度警惕的。科学精神就是求真精神，在这一点上，曹汛先生是把西学和中学结合起来的。

现在时代变了，至少从华为事件出来以后，我们忽然间认识到我们和外国最大的差距是在基础研究上投入不够。什么是基础研究？基础研究在华为那儿可能是做芯片、半导体，那些费力气、大投入、长时间、没效益的东西，在我们人文学科里，就是基础研究。华为事件应该告诉我们全国老百姓，从今天开始，我们应该在基础研究上下工夫，以曹汛先生为榜样，做基础研究工作。"一带一路"让我们觉得建筑史学界形势大好，但是我们对"一带一路"的国家、对我们自己的研究、我们的史学研究，差得多了。现在我们多少有些底气了，因为我们的"东方学"也取得了不少成绩，但总的来说，其他领域，包括艺术史、园林史、建筑史都还是有比较大的差距，所以曹汛先生更重要的是他在治学的方法论上给我们做了一个表率。

好像梁启超先生说过："学问者，国家之重器也。"且不论是不是重器，但绝对是很重要的国家性问题。所以做学问不是为了升迁，不是为了满足教育部的杠杆，而是国家的重器，是国家基本素质的基础。把我们摆在这么一个高度上，希望我们的年轻人今后在这方面多下功夫。

曹先生当年说的三分天下有其二，我们期待着他的园林史出来，《造园大师张南垣》这本书的修订版期望早日推出，造园史不写，写个造园史纲要也行。希望青年一代的学者帮助整理，这是国之重器。

王明贤（主持人）：朱先生谈到曹先生做学问很寂寞，我深有同感，记得几年前，我跟朱院长去曹汛家里拜访，他就住在一个小的三居室里，有两张床，床上放着满满的都是书和他的手稿，他的书上都标满了批注，我看了以后很惭愧。而且老先生80岁了，还是每天上午去一趟国图查资料、下午去一趟国图查资料，风雨无阻。最早是天天骑自行车过去，年纪大了骑不动，便坐公共汽车过去，真是让人感动。曹汛先生是大学问家，也没带博士，也没带研究生，也没有科研经费，完全靠自己，太不容易了。

朱先生刚才说，现在年轻人应该是从学问出发，学习曹汛先生这种自觉精神，我觉得是非常重要的。

中国原来也有这种学术传统，比如民国时，中央研究院傅熹年先生就提出他们的研究生毕业后三年内不许发文章，根本学问没到那里，不能写文章胡说一气，非常严谨。所以我们也应该弘扬严谨这种自觉精神。

下面有请一位对古建园林非常有研究的，中央美院建筑学院教授吴晓敏谈一谈。

吴晓敏：这两天有幸参加了曹汛先生的讲座和学术研讨会，我最早跟曹汛先生相识大概是在2011年年底，当时我和清华大学建筑历史所所长王贵祥教授一块策划《当代中国建筑史家十书》，当时王贵祥教授推荐了曹汛先生，我们三个人就一起在清华附近见面，开始对曹汛先生的学术成就有所了解。历时八年，我们再度在美院这次学术盛会上相遇。这两天听了三个讲座后，觉得茅塞顿开、醍醐灌顶，感受尤其深刻的是关于曹汛先生归纳总结出的叠山叠石发展的三个历程，并在曹汛先生总结的基础上，自己进行了一番思考。

曹汛先生总结出的第一个阶段是古人叠山是模仿大尺度的真山，还举了一个例子，有一个贵族家里置了一座大山之后，皇帝去了没有发现是后叠的，以为是在真山基础上修饰的。我想到为什么在发展历史上曾经有一个时期，假山会是这么一种规模呢？用我的理解来谈一谈关于大规模真山的问题。我认为它和中国古代神话系统、空间和建筑园林发展的原型是有关系的。中国远古时代涉及自然、山水有两个重要的空间原型，一个是昆仑神话，还有东海仙山神话。

先讲讲昆仑神话。世界各国每一种文化中都有一座神山，比如古印度有须弥山，中国古代有昆仑山，古印度的须弥山在佛教兴起之后，收纳了这个空间的原型，也叫佛教的须弥山。古希腊有奥林匹斯圣山，所有神山上都有神。像佛教须弥山上住的是帝释天，这种神山实际上在空间原型里是宇宙的中心，也是宇宙的神山。中国古典园林实际上赖生于两种原型。一种是模仿昆仑神话，一水环一山的上古高台模式，曹汛先生谈到的第一个时期大尺度的真山就是这类。这些高台也是最早的世界宇宙模型的原型。

人们筑高台除了有游憩用途，最多是宗教的用途，群巫从此生降，人界和天界在这个高台上交接，后来发展成世界宇宙模式的一种原型，经过一系列发展演变，以及不同文化和宗教文化的解释之后，产生了佛教的曼陀罗图形这种东西。佛教总是谈大千世界，曼陀罗实际上就是佛教世界的一种模型，也可以说是佛教的一个小世界，它的中心就是一座须弥山。曼陀罗图形落在中国的传统文化之中，就逐渐发展成了像明堂、天坛等礼制性建筑，这是一个走向。

再看东海仙山神话。这种思想最早产生于周代末期，后来盛行于战国时期。秦始皇求仙药而不得，修宫殿，追求仙境，有一池三山。受此启发，汉高祖刘邦兴建未央宫时，也开凿长池，在池中筑岛。汉武帝在长安建建章宫时，建造太液池，池中是三岛，从此以后这种一池三山布局就成为帝王园囿的常见模式，因为这种形式比远古时更加粗粝、宏大的一水环一山的昆仑神话更有丰富景观的层次，所以就成为历代山水园林中常用的一种仙境模式传承了两千年之久。

这是我受到曹汛先生模仿大尺度真山早期的发展阶段理论影响之后梳理的想法。

第二阶段是小尺度假山。今天中午，专家吃饭时还在探讨这个问题。为什么突然从大尺度的真山发展到小尺度的假山？我想和当时的社会经济状况、文化发展有关系。园林从大尺度的帝王园囿，随着经济的发展，逐步产生了很多私园，私家园林里是不可能有这么大的尺度。我突然想到两句话，就是在研究园林时经常要提到的："纳须弥于芥子""螺蛳壳里做道场"，这两句话和我刚才谈到的宇宙模型是一脉相承的，须弥山是印度神话中的名山，也是帝释天等天神的居所，非常高大，是佛教中间一个小世界的中心。我们形容做一个小型的园林，在里面堆砌全山少水，相当于把须弥山放了在芥菜子那么一个地方，也是要在一个小小的私园里营造一个世界的缩影，就是这个园林虽然非常小，但是仍然要有山有水，不管一池三山，还是一水环一山，里面都包含中国人的宇宙观，虽然小，但五脏俱全。

"螺蛳壳里做道场"里的"道场"就是佛教、道教等宗教进行诵经和弘法的活动场所，这是第一个解释。在这种宗教活动场所，特别是佛教、藏传佛教、佛教密宗，道场里也有世界的中心，有须弥山的意向。还有一种解释是佛祖或菩萨显灵说法的一个场所，像四大佛教名山都是佛教的道场，像五台山、普陀山、峨眉山、九华山等。螺蛳壳那么小一个空间里要去做道场，这个道场也可能是曼陀罗，它的中心是有虚拟山的，或者是佛教圣地的道场，本身就是一个山。

我没有对这种小型的私园做系统的研究，因为曹汛先生的讲座提到了小尺度的假山，因而我就联想到了这两句话，就认为这两句话反映了隋唐以来在私园中做小型假山的一种状况，但是即便在私园，在很小的全山少水之中，仍然包含着对中国传统神话原型、对空间原型的一种关照，就是昆仑神话。

曹汛先生非常系统地、非常完整地、非常明晰地梳理了中国传统园林，特别是堆山叠石发展的历程。我从曹汛先生的三个讲座中进一步地体会和领悟到中国传统园林中的叠山是一个高度的跨学科的艺术门类，而且至今仍然是综合了多学科审美的一种立体的艺术形式。从曹汛先生的 PPT 里看到，历史上多位著名的诗人画家、文人墨客曾经高度参与叠山置石的行动，直到发展的后期阶段才形成了专业的匠师来进行堆山叠石。

我曾经在中央美术学院雕塑系教过园林课程，跟雕塑系的教授也进行了一番互动，他们认为中国古典园林堆山叠石中的假山本身就是中国古代的一种雕塑。当我们理解了一部分现代艺术，用现代艺术的眼光来看，叠山实际上是用自然材料做成的一种雕塑或艺术装置，具有和雕塑或艺术装置同样的审美功能。

摩尔的雕塑讲究通透、多面这种形象，我认为实际上和中国传统的假山有异曲同工之美，现在中央美术学院有一些艺术家，包括展望先生用不锈钢材料来做假山石；雕塑系的张伟教授做了"看山系列"；昨天跟陈文令先生互动，他说在他的雕塑中间有很多中国传统的叠山置石要素融合其间。因为课题原因，我们还跟中国画学院山水画系教授们进行了交流，他们对中国古典园林中间的山石所形成的外在形态，以及山石内可能包容的空间，都异常感兴趣，其中丘挺教授还画了一幅长卷，用山水画家的眼光，用现代中国画的形式，重新绘制了他想象的各种假山石和山洞空间，而且被波士顿美术馆收藏了。

在传统的建筑中间，经常采用假山石，以及上面的登道作为楼梯，和古典的建筑形成一体，可以从假山石上面的登道直到二层的靠山楼，或者通过假山山洞内部的空间到达建筑的主入口。所以假山在建筑中间也是兼有一定的功能性，这种手法迄今仍然可以被设计师和建筑师所采用。

最后还要讲讲风水。中国人传统的环境观是脱离不开风水环境的，当然现在我们要批判地来看待风水的问题，但是在传统假山的位置，乃至山峰的形态，叠石所用的色彩等方面，仍然是脱离不开风水的影响，如建筑的靠山、沙山、岸山、朝山等不同的形态，不同的尺度大小，不同的材质，甚至包含当代人所经常采用的靠山，就是岸头观赏的小山，迄今为止都反映着中国传统文化的一些深度的影响。

总而言之，通过这三次讲座，确实非常系统地重新学习了一遍中国古典园林，了解到了以前很多不足的方面，在此非常感谢。

顾凯：谢谢中央美术学院和王明贤先生给我这样一个机会。其实我虽然算是中年学者，在这里却是晚辈。我跟曹汛先生有些比较密切的接触，因为我在这边跟黄晓是最直接传承曹汛先生园林史研究的。在博士期间，在朱光亚先生指导下做明代园林方面的研究，曹汛先生前面的研究成果是我特别重要的研究基础，所以直到现在曹汛先生的很多研究都是让我受惠特别特别多。在研究过程中，我吸收了特别多曹汛先生的成果和观点，也有一些进一步的推进，比如在晚明造园转变认识方面，以及在画意的造园等方面，有了新的认识。在论文完成之后，也很荣幸得到曹汛先生的认可，他给我出版的书写了序言，这是很大的荣幸，因为我好像目前为止没有看到曹汛先生给其他人写序，所以在我心目当中，这是一个非常高的荣耀。

曹汛先生的成就非凡，尤其是对造园叠山三个阶段的揭示。从中可以看到曹汛先生打下这个认识的基础，到现在仍然是我们对园林假山营造历史最基本的框架，我们仍然是在这样一个认识框架中来进一步推进认识，当然这个框架仍然是成立的，曹汛先生非常扎实的考证给我们打下了特别好的基础。

曹汛先生对造园家以及很多造园历史实例特别坚实的考证，都是给我们现在园林史研究特别坚实的基础。如果把园林史研究比作一个大厦的话，曹先生打下了最重要的桩基，最坚实的基础都是曹汛先生打下的。曹汛先生说园林史三分天下有其二，我觉得也不为过。

我近年的研究主要偏重假山的历史和营造，曹汛先生的这些成果仍然是我一个特别重要的基础，是指导的方向。我感受特别深的还是曹先生对张南垣特别深入的研究，以及他认为张南垣作为整个中国造园史，尤其是叠山方面立的一个标杆，这是最高的成就。这对今天的研究来说意义特别大，但这个意义可能还没有得到充分的认识，因为我们对假山的评价怎么认识，今天看到大家其实并没有一个非常清晰的认识，因为假山如果没有一个高下评价标准的话，我们可能就不知道什么是最好的，什么是差的，看到什么都会觉得历史上都是好的，其实是有高下之分的。曹汛先生确立张南垣这个标准，我认为是非常准确的，但是仍然需要我们去进一步研究认识究竟怎么样做这样一个事情。等会儿方惠先生会有更充分的说明，我这里是抛砖引玉，谢谢大家！

王明贤（主持人）：谢谢顾凯老师，下面请方惠先生发言。

方惠：改革开放以后，我们国家当时成立了两个古建公司，一个是扬州古建公司，一个是苏州古建公司，同一天成立的，成立时间大概在 20 世纪 70 年代末、80 年代初，我就是在那个时候调到古建公司。我刚刚下放回城时间不长，进去以后就给了一个工作证，上面注明是"假山工"，这个工种恐怕就我一个人，因为过去没有"假山工"这样的工种。然后，一直干到现在，也没有换过其他的工种，就是假山工。当然中途留职停薪自己干了。

为什么留职停薪？因为改革开放以后出现了"承包制"，要内部承包，古建公司接了外面的假山工程，然后把大头抽掉，分包给我们班组。整个古建公司的假山工只有我一个人，由我带古建公司的一帮工人去施工。由于我一开始做过盆景，对假山也比较喜欢，所以我就希望把它堆好，最起码的前提就是石头要拼整。假山最起步的技法，如给你两块石头，把它对起来，像一块，给你三块，还像一块，四块、五块、六块都像一块，这叫拼整，拼整里面有很多的技法，但说白了就是拼整。这个拼整可以说很容易，在座谁都可以办到，给你两个差不多的石头，都可以拼到最好的位置，这样看起来像一个整的，这是非常容易的事情。但它又是很麻烦的事情，因为需要时间。

它需要的是时间，这个时间就造成了吨位上不去。我们国家假山定的收费标准是按吨位算的，堆得好与坏不管，有一吨算一吨，就像画画一样，我们院长画的画和我画的画是论张算的，他一张是 500 元，我一张也是 500 元，是谁画的不管，一直沿用到现在还是这个定法。现在我们假山这一块为什么上不去？和定的标准是有极大关系的，因为大家只能追求速度，谁如果想堆得好、拼得整，先不要谈好坏，从技术上来讲，谁也不可能去按照这种技术去堆，谁按照这种技术去堆，谁一定养不活自己。

所以在这种情况下，我在古建公司就待不下去了，每次一个工程完成了以后，我要拼得好、拼得整，结果算账的时候，下面工人的工资都发不出来，我自己拿不到钱，还得自己贴钱给工人，钱不给工人，他们要打我的。所以搞到最后，我就不得不离开古建公司了，留职停薪，自己到外面去干。

因为没钱，很穷，完全靠自己动手，靠自己人抬肩扛，完全按照古代传统最原始的方法一步一步走过来的。因此我对中国传统这种演变体会非常深，只能这么搞，就是全是人抬肩扛，用不起吊车，没这个钱，也养不起工程队，到一个地方，临时喊几个壮工帮我抬设备，所有技术的东西都是我自己亲自动手，因为我请不起人，没有这个钱。

经过这样长期的磨炼以后，我对园林施工演变过程非常熟悉，我是没有师父的，我的师父就是前人留给我的这些老的假山，没事儿就看他们是怎么堆的。在长期的磨炼当中有了感觉，自我感觉堆得还不错，后来就碰到了一批画家和一些文学家，如董贤宾、郑奇、江苏文联的陆文风，他们就说：你这个家伙山堆得这么好，为什么不把你的技法写出来？我说：我小学毕业的文化，怎么写？然后他们就忽悠我写，我就上了当，就写了，20世纪80年代中后期的时候写好了就送到中国建筑工业出版社，当时中国建筑工业出版社的一个主编正好交到陈老师手上，陈老师一看就说："写得不错"。基本上没什么大问题，就是文字上要修改、要减。但是有一个问题，"史"的部分不行，因为我们搞施工的人，对"史"这块肯定不懂，又看不懂书，陈老师就推荐两个人，一个是苏州的张家骥，一个就是曹汛，他说你去找这两个人。因为曹汛在北京，我当时的施工点主要是在苏锡常一带，所以我就跟张家骥开始接触。跟他接触以后，就成为忘年交，他年龄比我大很多。好到什么程度呢？只要我进了张家骥的门，他什么话都不讲，两条烟一夹，一盒茶叶，到学校招待所，两条烟抽完了你才

能走。张家骥抽烟从来不点火的，是一根接一根的。但是最后"史"的部分就问张家骥怎么写，实际上最后两个人谈得很好，就乱谈了。我对于写书这一块本来就不抱太大的希望，因为我总觉得自己文化水平低。按照张家骥的意思，大概把"史"的部分弄了一弄，结果交给陈老师，他看了以后不满意，说你这个跟我后面的东西对不上，然后就让出版社的吴玉佳参考曹汛的"史"的部分。最终，我第一本书的"史"的部分是参照曹汛关于假山"史"的东西，但是我自己从来没有看过曹汛写的东西，完全靠自己想象去写。

后来我真正看到曹汛写的东西时是在前年。曹汛名气很大，我知道曹汛这么一个人，但究竟是怎么回事我也搞不懂。后来问了学校的杨老师，杨老师说曹汛写的东西很不错，你看看，他写过张南垣的东西。他从电脑里复印了曹汛先生写的张南垣的东西给我看，结果我看了以后，就发现曹汛先生写的东西非常好，抓住了中国造园之本，在所有写园林方面的著作当中，我觉得惟有曹汛先生写的东西是最贴近于中国造园之本。这是我个人体会，他写的很多东西使我们这些搞实践的人看了以后，感到服气，是这么回事。也就是说曹汛尽管自己不是堆山的，但是他写的东西非常接地气，这是我自己的观点。因此，我很佩服曹汛先生。

因为这次是第二次见到曹汛先生的东西，没有仔细看，也谈不出更多的东西，但看了很舒服，有的东西看了以后点头，对的对的，我也是这么想的，或者说他比我想得还好。还有

一种想法就是老想插嘴，这个地方应该再加一点东西就好了，当然我是从实践的角度去看这个问题的，从理论上可能是一回事，在实践中觉得再加一点就好了，对与不对也不知道，因为作为工匠来讲，最看重的是技术，我们拼的是技术。所以曹汛先生的东西我看了以后，觉得是好东西，回去以后我要认认真真地把曹汛先生的东西再看一遍（图3）。

王明贤（主持人）：谢谢方惠先生，大家有机会都要到江苏去看看方惠先生的作品。

这两天听了关于中国园林的讲座，我觉得一部中国园林史是半部中国艺术史，是半部中国文学史，所以园林和艺术的关系实在太密切了。

北京建筑设计研究院总建筑师朱小地是建筑师，但同时也是艺术家，所以他对艺术极有兴趣，请朱小地先生也谈一谈。

朱小地：我是在一线做设计的建筑师，对中国园林研究甚少，所以没有什么发言权，因为要发言，就简单讲一下自己这次参加这个课程的感受，不对之处请大家批评。

昨天听了一天的讲座，确实给我很大的震撼，老先生几十年专注于园林史的研究，而且成果丰厚，给我们晚辈很大的教育意义，不管从事什么专业的人士，能够有这样的毅力和要求，对自己的学问有一个非常严谨的治学态度，而且锲而不舍地能够用史源学的方法找到依据、找到线索，这对包括我们做建筑设计的建筑师来讲都是受益匪浅的。这是我昨天一个特别的感受。

我对史源学真的没有研究过，昨天对史源学的概念有了初步的认识。昨天讲座里主要的内容是讲了中国叠山的三个阶段，不是中国园林发展的三个阶段。这是我自己特别明确的感受，刚才几位专家谈到的，不知道是不是我理解错了，我昨天听到的是叠山的三个阶段。

我在听昨天讲座的过程中也在思考自己对中国园林初步的了解，讲到中国园林的5个类型，其中有皇家园林的概念。我因为一直在北京生活，到了明清，中国的城市，包括北京的万寿山、景山、北海的琼岛这样一种堆山方式，这种类型一直从古代沿用至今，这种园林实际上是取决于权贵、皇帝的方式，不具备我们所讨论的园林的概念。

杜牧在《阿房宫赋》开篇就讲到"二川溶溶，流入宫墙"。两条河都走进园林里去了，我想那个场面是非常大的。后面讲到"廊腰缦回，檐牙高啄"等，我想这完全是为了满足秦始皇奢靡的生活而做，这种园林其实也没有太多的意思。后来也读到了"铜雀春深锁二乔"，把掳来的大乔、二乔放到铜雀台，这是过去帝王将相权贵园林的奢求，这是一方面。

我也谈谈个人对江南园林的认识，我觉得它完全是独立于世俗化园林之外的一种独特的类型，甚至跟我们的城市、跟建筑都有很大的区别，如果收窄一点，是不是定位为"江南文人私家园林"的概念，而不是简单把园林作为泛泛的概念去讨论更确切。这里有几个观点。

江南的概念，跟水有直接关系。因为在北方，水位变化比较大，在江南才有这样园林的可能。主人就是文人士大夫

| 图3 曹汛先生学术思想研讨会现场提问

阶层，从科举制度以后，文人士大夫走上封建社会管理层，他们本身又是琴棋书画样样精通的文人群体，当他们退隐回到老家时，可以把一生里对中国文化的研究，包括游历大山大水的情怀、情结带回去，在一个有限空间里重新建构，我认为这是一个虚拟的、不是一个真实的结构，是一个人造物，实际上寄情于园林之间，是对山水情怀的再现，这一点我认为是非常重要的。如果解读江南文人园林，怎么解读都不为过，它的动线，以及在动线上不断的视觉变幻、感受的变幻，给人丰富的感受和帮助思维的打开都是非常重要的。这个园林区别于城市、区别于我们的建筑，是因为它更多体现了文人思维、思想的一种情怀与理念，所以不是一个简单物化的东西，实际上是一个虚拟的，或者人造出来的，供人来充分陶冶情操的环境。所以这一点是江南文人园林一个非常重要的特点，因此不能简单围绕园林去谈园林。

我们也读过《小石潭记》《醉翁亭记》，这些都是大文人在自然环境中的那种体会、那种感受，把它们带回来放到园林里来。所以对江南园林对象化了的讨论，其实是一个大的文化背景，甚至是一个更广阔的历史和自然环境中提炼出要素的重新整合，这一点我感觉是非常强烈的。所以在园林里会看到"窗含西岭千秋雪，门泊东吴万里船"的这种大的空间概念，也可以感受到"曲径通幽处，禅房花木深"的意境，这些都是我们园林里面十分难得的，而不仅局限在园林本身，这是我们文化的精髓所在，这一点我认为也是非常重要的。

我昨天在学习过程中思考，这些东西确实和当代中国建筑创作之间也会产生一些相关的东西，能够更多去讨论建筑设计也好、建筑作品实现也好，如何能够通过在设计过程中利用这样一些中国文化里独到的、特有的观念也好，要素也好，和当代的创造很好地结合在一起，这样的话，研究园林会更有价值，从园林走向当代，甚至可以引领我们走向未来的文化发展。

董豫赣：我自己对园林感兴趣，跟曹先生做的史学其实是有一部分重叠，我想看史，但是我肯定不希望自己做史学研究，我们刚开始也不是特别地了解对方，今天上午吃饭聊起来，他问我看那么多园林，觉得哪个园林最好，我说是寄畅园。你们可能见过曹先生，那时候吃饭特别多，力气特别大，听完这句话就拍了我一巴掌，他跟我说整个寄畅园，当时的没落其实是被他整理出来的，他也认为寄畅园特别好。从那以后我们就住在明秀园，后来好像很多人也没见过，当时又印象特别深，就是明秀园是个民国时期的军阀的老园子，大概可能猜出来有一些什么建筑，然后我记得曹汛老师在那呆了几天之后，就猜那个匾额在哪块。我不知道怎么猜出来的，现在难以想象，就带了一个门卫，我记得是一个下雨天，穿着高筒鞋就出去了，等我们中午吃饭的时候就扛了一个石碑回来了，真是很奇怪。等我很多年再去的时候，那个石碑好像因为一直搁在外面，上面的字已经掉得差不多了。

我自己对中国园林的兴趣其实是反省西方现代建筑，最早的山可能跟须弥山或者什么有关系，可是从我读园林史的角度来讲，大概中国在陶渊明那个年代，谢灵运、周秉公、陶渊明这三人各差 10 岁，他们各自的文献里有跟佛教的争执，有跟佛教的相融，最后导致了中国园林这个流派里面基本上慢慢地放弃了有些非常接近现代的，就是跟神学无关的东西。我们现在经常讲氛围，讲西方现代建筑最常找的那个东西，就是跟神学无关，而跟普通人有关的居住却是我特别感兴趣的。所以等我读到日本的史学家的著作时，其中最著名的一本书就是《茶之书》。可是我自己读到那个冈仓天心在讲到日本住宅建筑的时候，他讲的我觉得是有设计视野的一件事。这个人比柯布西耶大概大 19 岁，柯布西耶讲整个住宅才是现代建筑的一个研究核心，就是普通人的居住。冈仓天心在他那本书里头其实跟后来的小渊裕男做的事情很像，因为后来他讲只有住宅才是艺术，别的哪怕没有主题，我们也不能把别的问题当作是建筑的主题。这点上，我觉得冈仓天心铺的这条路子铺得非常好，他首先要排除掉受中国影响，比如说大佛，对日本本土的一个住宅空间的经验，他不去讨论封建礼式，不去讨论这是封建宫殿还是普通的住宅，只是把它归为住宅空间。这点可以导致后来的小渊裕男基本上没有任何障碍地讲住宅就是艺术这么一件事情。在小渊裕男讲这个事情之前，基本上重复了西方整个古典主义的现代建筑的发展，就是从神庙，然后到宫廷建筑，再到住宅。在日本有三个代表人物，一个是冈仓天心，然后到了矶崎新讲宫廷建筑，最后到了小渊裕男以后，日本现代建筑、当代建筑好像突然变得在整个世界上的影响恐怕是最大的。当然我不知道普利兹克建筑奖能不能算评价指标，最近 10 年有 5 个人次是日本建筑师，恐怕也是跟他们把自己传统的居住空间经验带入一个西方现代其实也面临的居住困境里头有关。

我一直认为比茶、比吃都要重要的中国文化就是居住文化，因为这是中国所有文人都关心的一件事情，因此我觉得恐怕就像朱小地刚刚讲的，可能它是我们将来中国建筑最重要的出路之一。

曹汛：我希望跨学科，要站在前人的肩膀上。有一句话很重要，学生不必不如师。我们超过老师是在老师的肩上，是在他们的基础上。要都是一辈一辈不能超过，那是对我们学术界无能的讽刺。出版社的年轻编辑到了出版社以后，也不知道天高地厚，成天说"黄鼠狼下耗子，一代不如一代"。如果学术一代不如一代，我们还谈什么学术。如果一代一定要超过一代，那超出的是什么，原来的基础是什么。

其实也不是绝学，我自己摸索出一种做学问的方法，这个学问是不绝的，这个学问是应该继续下去的，但是已经感到很难突破了。在这种情况下，大家应该想一想。我在做的时候有很大的乐趣，比较困难的是很多条件是没有的，过去说"僵卧孤村不自哀，尚思为国戍轮台"。我们要戍轮台，要保卫边疆、保卫国防，实现国家民族初心，这个年纪不行了，但是关键的是摆在面前的很多事感到很遗憾，不能进行。我跟同济大学常青教授说，办一个刊物，同济大学作为一个牵头学术地位，而且年轻的院士只有你了，有些院士已经年纪大了，不可能再到前线上去了。虽然你坐镇同济大学，还是要到前线上去，如果都不到前线上去，都坐在家里，像新疆那么多东西我们都没有办法，瞪大眼睛看着着急。西藏还好一点，因为西藏是很久以来大家都向往的地方，过去康藏地区办一个藏学研究所，很有成就，但是建筑历史中缺乏藏学的东西，这个东西不是我们从中原再到边疆去考古，而是从丝绸之路角度来讲，要追本溯源。我的学术思想是史源学，讲历史根源的渊源。

我们这些人要研究胡适这些人的新文化运动，提倡白话文，提倡和国际接轨，这些路子都是对的，有一句名言叫"大胆假设，小心求证"，一个是少谈一些主义，多研究一些问题，要仔细问一下胡适先生"大胆假设"有几个假设，"小心求证"求证出了几个东西来？不好说了。

胡适在同时代的人里，他的人品非常好，跟大家关系处得非常好，也很受大家的尊重，成为近代学人的顶峰。他说的"多谈问题，少谈主义"，是对蒋介石说的，不是针对共产党来说的。我们在做学问时，学问不应该是绝的，应该是继承的，但是怎么样继承呢？我很苦恼，我要给自己定位，到底算是建筑学家，还是建筑史，还是园林史，还是文史，我也写了不少文学的东西，得过一些奖，也写过一些历史的东西，所以文也好，史也好，建筑也好，转来转去，实际上我自己觉得还应该是一个广泛的史学，就是文史结合的一门学问，这门学问最后归结为受陈垣先生的影响，陈垣说不要信别人

的话，别人的话都是诓你。不是说真的别人诓你，不信就完了，而是要你自己去考证，自己去研究，自己去发现是不是诓你。所以这句话很重要，这句话没有形成一个很大的影响，而是在他的书信集里和他的孙子交谈时陆陆续续地说出来一些东西，我看到陈垣《往来书信集》很晚，是在 20 世纪 80 年代，我们觉得老先生这点需要研究。从建筑史也好、园林史也好，建筑学、园林学也好，归根到底应该是走入史学研究。

文学的研究现在已经很难说了，有些时候文学只能做一些整理，再有很大的进展比较困难，学文学的也常常感到有这个问题，学史学应该说还方兴未艾，很有前景。很多人到美国去求发展，他们希望我们的汉学家们成为艺术史家，帮助他们研究从中国掠夺出去的一些东西，或者他们博物馆收藏的那些东西，在西方只能认识到这个程度。我们要振兴中华，实现中华民族伟大复兴要有一个梦，怎么才能实现中华民族的伟大复兴呢？一说三千年、一说五千年、一说七千年，中国新石器时代、旧石器时代的文化已经相当高了，中西文化碰撞、中西文化的较量，到底谁厉害，希望我们很多做学问的人能够回过来尊重我们祖先的这些东西，去发扬光大。

现在有一个问题，老龄化，中国人口占世界人口的 1/4，过去感到养活不起自己，深挖洞、广积粮等。一个世界上最大的民族，有 7000 年文化的民族，吃饭还成问题，这不是自己太瞧不起自己了吗。袁隆平说吃饭的问题不成问题。吃饭的问题确实不应该成问题，如果吃饭还成问题的话，那我

们这个民族还有什么希望呢，所以我们要研究深层次的学问。很多本科学历史的学生就觉得我们学历史干什么，所谓汉学最重要的是文史，文和史不要分家，关键是史学。

我不是建筑学家，不是建筑历史学家，不是园林史学家，也不是做学问的，我希望我自己是一个草莽史家，是民间的史学家，跟他们不同。我不是瞧不起人家，但是我觉得不够，我不够，别人也不太够。大家共同努力吧。

这里就有一个问题，很简单的一个事情，根据网上发现的这些东西，这些权威人士给人家下的结论、鉴定，或者一个文物、国宝在电视台上鉴宝，给人家做出的鉴定都是不可靠的，都是很保守的，都是对中华民族伟大文化的根基、奥秘没有参透，所以很多事情弄浅了。

我们有很多东西大家惊叹，大家不相信，有一些考古的照片，是一排塔，连着五六个，然后大家都当成佛教里精神崇拜的塔，有各种解释，实际上那种都是中国受了佛教影响的塔葬，里面都藏着四条腿的木棺。中国到现在还有多少个塔？我们发现一个很小的四方形，中间有一个佛像，有一个木头框，叫地伏，一边是四根柱子，一边是三根柱子，架起来。玄奘说家有佛堂，我们不是半信半疑，我们必须相信，这就是西藏地区到现在还保留着的家庭小佛堂，那个东西不是太大，里面有一尊佛像，到现在仍然定为是唐代的，他们认为这下子我们不得了了，发现了一个唐代的塔，发现了唐代的一个佛像，这个佛像是由稻草和芦苇弄的，外面糊上一些泥巴。我说你们定成唐代

的，就觉得是了不起的发现了，这个东西太简单了。

柴达木一个研究所就可以把这上面的木柴鉴定出年代，取 $3cm^3$ 的样品去做年代鉴定，2800 年以内可以精确到年。中国做木柴年轮学，鉴定木结构可以做到这个程度。这是一个汉代的东西，定为唐代，就觉得不得了了。汉代佛教刚传过来时，这些东西我们不认识，换句话说，到新疆去，这些建筑在沙漠里露出这么大一截木头柱子，有很多，每一个都应该研究。被定为唐代就觉得很了不起，实际上要看佛像，唐代哪是那样，那个佛像古老极了，完全是一种原始宗教的一种形态。

我跟常青认识，他在呼吁怎么样保护。我说你要上前线，同济大学有你这位院士，你能牵头带动建筑史的发展，但是要新疆设一个点，到西藏设一个点。据我调查，西藏存有唐代的建筑至少十几处，而且不止。这个事情太简单了，取 3 个 $1cm^3$ 的木柴先做年轮鉴定，这是绝对不假的，这个不符合就重新去考证吧。所以没有人做这些工作了。就是说没上前线，还在书斋里面研究，没有到新疆、到西藏、到青海这些地方去研究。

我最近到河南，人家给我一块瓦当，我说这块瓦当多重要啊，我们要找到秦时明月汉时关，要找到一个东汉的瓦当，就没有了，函谷关一个"关"的繁体字，繁体字两个门字两边各出古希腊的柱头装饰，这是东西方文化的交流，东西方文化在这里碰撞，在这里出现。这个学问应该怎么样继续下去，社会上不是很理解也很正常。我们进入小康，生活水平也都可以了，吃饭穿衣都不成问题了，但是把它做下去的时候，

就需要国家大力气的支持。

我去不了了，因为到新疆去的话，需要越野车，不然的话有迷路、没有水喝等很多问题，还有当地向导要收费，需要几万元，要有人支持。可是我们做学问时，感觉到没有后备支持，也没有财团或富豪个人的支持，这些都没有的话，我们就空谈了。

学院切记，摆在同济大学也好，摆在清华大学也好，摆在东南大学也好，建筑史的主要牵头人，哪位院士能申请下来多少经费，能开多少题，能让这些博士生、硕士生有出路，还不如去发现一个东西，突破一个东西。就一句话，我们在中国能不能找到张骞通西域时张骞看过的塔，中国现存地上的古塔，哪一个最早，大体早到什么时候？中国的木质结构最早能早到什么时候？差太远了，他们把这些东西定了结论，就像电视台做鉴宝时，金口玉牙，说啥算啥，我说这个就是这个，这样我们学科就没有办法求得发展了。

学问不应该断绝，不应该采取断承，但希望有大力的支持。很简单一个问题，人生只有一次，但人生是很坚强的，不是那么脆弱的。你给我钱，给我派车，新疆我是要去的，要知道中国最西部的塔到底是什么年代的。还不让人动，看着，保护，太没有意思了。发现汉代的一个小房子，就是玄奘说的家有佛堂，那个东西很小，3m 多的一个长方形的木头柱子里，那个东西含的信息特别多。这个学问不是在书斋里翻来覆去、吵来吵去的学问，而是必须到现场去，中国缺这个。

四川有一个西藏研究所，但是可惜没有搞建筑的人，都是研究藏学的。研究藏文、研究藏族历史，他们很不错，应该跟他们合作，我们要培养出这样的人到新疆和西藏这两个地方。很遗憾的是，我没有机会了，没有能力了，但这个应该唤起大家的猛醒，我们还有很多事情要做。

很简单，柴达木一个很小的研究所就可以把木柴鉴定为 2800 年的东西，用不着找 2800 年以前的，美国木柴年轮学可以做到 7000 年，中国台湾说可以做到 5000 年，我还去看了一下这本书，确实这一点不吹牛。能取样吗？能找到 5000 年的吗？所谓 3000 年不死，死后 3000 年不倒，倒后 3000 年不朽，这样一个黄杨木的构架埋在地下可以有 9000 年，这就是中国所谓 7000 年、5000 年文化，不是说着玩的。我们要看到一个很大的银杏树，非常惊人，这个银杏假设到现在是 1000 年的话，那么 1000 年前有人栽培它吗，或者 1000 年前它自身种子落在地上长出来，反正 1000 多年了，就证明 1000 多年这个地方有人烟了，所以一查这些传说，虽然传说是传说，但是历史和年代是契合的。山上有 1000 年的银杏，肯定是 1000 年的历史了。

所以我们要做的时候，要国家知道，像印度，弄不好很多方面会超过你，因为印度解决了老龄化问题，当年计划生育抓得很紧，我们现在正好相反，应该鼓励，至少生两个孩子，这样才能避免老龄化的问题，我们需要解决老龄化问题。说起来很惭愧，我们 80 多岁了，也没什么大的成就，还在呼喊、奔波，很多大学问家在 80 多岁的时候已经很有成就了，可是仔细一看，我们还有没有要前进的地步，我们 80 岁了，我们是不行吗？不是不行，是没行，是没有做到。

事在人为，很多事情是可以做的，但是国家没有有力的支持。我们到各个地方去都是尽量地找各地中宣部，因为中宣部觉得有责任必须回答民间的信访或造访，各个地方省市委宣传部的部长往往都是文化人，确实是共产党的宣传机构，至少能理解，起码给你精神上的支持。年轻人做这个不行，希望他们的导师可以做这个。我可以否定你这个选题，必须做一个潜水到底的学问，我才承认，尤其是博士，一个博士一定要拿出起码高于硕士的东西，整体来说，学术文化的精和深是连在一起的，所以有很多大的难题。

过去说南人的学问议论终日言不及，北人的学问饱食终日无所用心，不是说南方的学问和北方的学问有这个那个缺点，总之要避免议论终日言不及。虽然有很多讨论、有很多深化，但达不到基本的意义；还有一种是无所谓，饱食终日无所用心。看一下挖根的这些史学、考古，我认为应该是把历史和考古结合起来，然后用这个学问来探讨中国所谓国学，就是历史和考古。

古代工程技术也很重要，西方比较重视中国古代一些书里讲的东西，中国元代最早讲到织布机，织布机原理跟现在一样，不过是木头的，用脚蹬的。中国科技先前不是落后的，后来落后了。蒸汽机不是中国人发明的，这要承认落后了，可是我们现在怎么样振兴中华民族伟大复兴，很艰难，需要国家大力投资，新疆、西藏都应该设立一个很大的建筑行业

研究所，全国考古也是这样。中国到底是母系社会、父系社会，知有母不知有父。中国人远洋到了美洲，大家都承认了。印人渡海去了，印第安人到那个地方说印第安，问你家乡好不好，这是西方人的一种揣测，可是在那个时候把海渡过去，乘竹筏可以游太平洋，这是非常可信的。秋冬之际，那些岛本来就离得不远，结冰时就从冰上走，竹筏可以在冰上走，也可以在水上走，所以中国人远洋的经历，中国人发现了美洲这些事情都是在世界上很热门的课题。

日本有一个好处，把一些重要的研究课题研究得比较深入。日本要研究秦汉时期徐福渡海，中国给女王亲汉的金印，这都是实际存在了，金印都发现了。中国研究完历史以后，再继续来研究现代怎么样落后了，怎么样急起直追的问题。

刘珊珊：曹先生，今天来的有好多您的老朋友，顾凯老师，您还记得吗？刚才他说他的书是您给写的序言。最早的时候，记得我们跟顾凯老师一起去拜访过您。

董豫赣老师还记得吗，他曾经跟您一起同住过半个月的时间。董老师回忆了半天，说那时候您特别有力气。

方惠老师是现在叠假山的，他是在做叠假山的实践，一直在叠山。方老师的作品是现代的叠山。

曹汛：这是什么地方的石头啊？

刘珊珊：方老师，您的作品里是什么地方的石头？

方惠：有太湖石，有广西的，有宜兴的黄石。

曹汛：这个石头是你们出去替他们买来吗？

方惠：这是现在正在做，还没有全部完成。太湖石，有巢湖的，巢湖的为多。

曹汛：给谁做？

方惠：全部给私人做，只有私宅愿意给这个钱，公家论吨位给钱，人工都不够。

曹汛：这一块挺好。

方惠：是私家园林。

曹汛：这个很大了。

方惠：大概 500 多吨。

曹汛：石头很贵。

方惠：按吨位算，一吨 1000 多元。

现在主要是做私家园林，因为私家园林论天算，不限时间，不限吨位，不限成本，不准插嘴，我说了算，插嘴不干。

曹汛：现在这样的石头不难找。

方惠：现在开采条件好了，什么石头都能找到，现在施工条件远超古人，古人是绝对不可能有这样条件施工的。按照现在的施工条件，应该远超古人的水平，但是为什么不能超过呢？是因为我们国家现在的园林定额是按照吨位收费的，不管质量，堆的吨位多，收钱就快。如果我认真堆，一天堆 5t，民工一天可能堆 50t，所以就没办法跟民工竞争。

刘珊珊：曹先生，有很多老师肯定有很多问题想向您请教，也请其他老师再接着发言，请王老师继续主持。

王明贤（主持人）：3 年前曹先生跟我说过，而且刚刚讲话中提到，中国也是这样，中国建筑史的很多高手都不看建筑书，他们是看文化书或者是考古书，所以曹先生就从文物和考古这些书里看到很多考古报告、调查报告。可惜先生渐老了，不一定能亲自去，但是他可以做总指导，我希望能像中央美院建筑学院那样可能给曹先生很大的支持，中央美院建筑学院上前线，曹先生作为总指导。

下面我们想请无界景观的主持设计师谢晓英女士谈一谈，她就是北林毕业的，一直做景观园林的设计。

谢小英：尊敬的曹老先生，我非常钦佩您的治学精神，也非常感动您这么多年来坚持研究，坚持这么严谨的治学。我不认识您，但是我很早就听王老师介绍过您，正好这次有机会听您讲课，我非常珍惜这个机会，所以放弃了去全国风景园林学会的年会，昨天和今天都在听，非常受益。

我有一些思考，还有一些问题。思考是咱们近现代研究的是江南的私家园林，因为我不是做史学研究的，主要做实践，做了几十年的园林设计实践工作。现在时代变了，以前咱们园林追求的是意境，做的这些私家园林如何在当代被大众共同接受与享受。园林文化是咱们中国文化的精华，就是因为它集合诗歌、艺术和很多的建造技术，特别是中国的哲学，咱们中国人的基因对与自然和谐会有这样一些向往，在日常生活中体验和大自然天人合一的追求。如何在当代能够让普通百姓、普通的人也能享受到以前富人和文人独享的私人园林的意境，诗情画意、情景交融等这些非常有情趣的生活，这是我们当代设计师要往下研究并实践的。

我在近 30 年的钻研实践里一直在做一件事，就是如何把风景融入日常生活，这是我的一个追求，因为很多年前听一位研究明清学问的学者讲学有所感受。我喜欢元末的中国古画，比如黄公望、倪瓒，特别是倪瓒。我跟他谈起这事的时候，他说倪瓒的画之清冷感觉实际上对后来明清文人的气质有很大的影响。我一直在想，人的生活环境做得好一定会影响人的气质，这是您今天提到的园林养人，我听了感觉真是找到老师了。但是那个时代的人园林创作现场性很强，不像现在，其实咱们通过图纸、工程预算、施工图做不出来什么好的作品。设计师必须在现场。我经常在现场做设计，园林设计跟建筑不一样的就是这点，它的偶然性比较强，它是即发，它的场景，根据材料布置的方式瞬间有一些灵感会在现场发生——它不能事先用图纸来表达，或者图纸无法表达他追求的境界，作品的很多表达是在现场实现的。

只有 2012 年、2013 年在北京郊区的项目中我做到了这点，我在现场待了可能有 6 个月，当时不叫堆山，我给山做挡土和植被，让山减少水土流失这个方法来塑造自然山的形，包括保留现状树。那个项目做得比较过瘾，效果也比较好，遗憾的是，当时我小心翼翼地保留了几棵树，特别有倪瓒画意的树，特别感动，为了留这几棵树，我到现场跑了三四次，最后终于留下了几棵特别一般的、自己生长出来的刺槐，很便宜的一种树，效果很好。听说它的意境打造和环境效果特别好。曾经有一位作家本来是偶然间在这住一晚上，后来干脆租 2 个月酒店的房子写文章，这是酒店管理者告诉我的。不幸的是，3 年以后，我带着我的团队到这个酒店做团建，发现那几棵树都被砍掉了。酒店的管理者没有觉得这个树好看，他觉得这个树不值钱，正好这个树生病了，它没有想怎么做这个树的病虫害防治，直接砍掉了，特别可惜。

我想如果今天咱们这样的研究能够尽快地推广，能够让甲方和设计师都能明白，至少都能了解中国园林艺术的精华在哪，他知道这几棵树是形成场景的很重要元素，他可能就不会砍这棵树了。那次我就跟酒店的经理说，我要给酒店所有的人做培训，包括厨师，我给他们讲每个地方为什么要这么做。因为每一棵树都是我盯着摆的，包括每一个地方的挡土墙的位置、挡土之间的错落关系都是在现场画图，回来才把施工图补上。这样的创作方法拿到现在是不合法的，它没法做预算、决算，因为现在不允许后期做这么多的变更。

我们要想把传统的园林艺术精华传承下来，要研究它的创作过程，这个作品是怎么形成的，就要告诉现在的甲方或者委托人，让他们在制定设计规章制度的时候能知道这个东西是怎样的形式。否则我就不是那么乐观了，我觉得能把这个思想传承下来，放在纸上，能把以前留下来的古典园林好好保护，但是如果想在这个基础上发展，中国园林在这种实践上发展，可能很难。

王明贤（主持人）：谢谢谢晓英女士。今天的研讨会到此结束（图 4）。

图 4　曹汛先生学术思想研讨会现场讨论

云园史论雅集

总策划：
朱锫（中央美术学院建筑学院院长、教授，美国哈佛大学、哥伦比亚大学客座教授）
王明贤（中国艺术研究院建筑与艺术史学者、中央美术学院高精尖创新专家）

第一期
历史名园与造园名家
时　间：2020 年 6 月 20 日
地　点：在线直播平台
主讲人：青年学者

第二期
管窥东西：国际交流视野下的建筑与园林
地　　点：在线直播平台
主 讲 人：青年学者

艺术领域嘉宾：
展　望　中央美术学院造型学院教授、著名当代艺术家
丘　挺　中央美术学院中国画学院山水系系主任、教授、著名艺术家
陈文令　著名当代艺术家
曹庆晖　中央美术学院美术史系教授、著名学者

建筑领域嘉宾：
朱小地　BIAD 朱小地工作室主持建筑师、北京建筑设计研究院总建筑师、著名建筑师
周　榕　清华大学建筑学院副教授、中央美术学院高精尖创新中心专家、著名理论家和评论家

童　明　同济大学城市规划系教授、TMSTUDIO 建筑事务所创始人、著名建筑师
金秋野　北京建筑大学建筑与城市规划学院副院长 / 教授、著名建筑学家
李兴钢　中国建筑设计研究总院总建筑师、著名建筑师
谢晓英　中国城市建筑设计研究院风景园林院副总建筑师、无界景观工作室主持建筑师、著名景观师

特邀嘉宾：
马晓伟　上海意格建筑环境规划设计咨询有限公司总裁兼首席设计师，著名景观师
王永刚　北京主题纬度公共艺术机构创始人、中国国家画院公共艺术研究员、中国建设文化艺术协会公共艺术专委会执行会长
王　毅　曾任职于中国社会科学院，哈佛大学景观学研究中心，著名学者
朱小地　BIAD 朱小地工作室主持建筑师，北京建筑设计研究院总建筑师，著名建筑师
李兴钢　中国建筑设计研究院总建筑师，著名建筑师
丘　挺　著名艺术家，中央美术学院中国画学院山水系系主任、教授
陈文令　中国美术家协会会员，当代著名艺术家
周　榕　清华大学建筑学院副教授，著名理论家和评论家
展　望　中央美术学院造型学院教授，博士生导师，当代著名艺术家
曹庆晖　中央美术学院美术史系教授，著名学者
童　明　同济大学城市规划系教授，TM STUDIO 建筑事务所创始人，著名建筑师
谢晓英　中国城市建设研究院风景园林院副总工，无界景观工作室主持设计师，著名景观师

一、历史名园与造园名家

策划人致辞

侯晓蕾（主持人）：各位老师、同学、朋友，下午好。今天我们共聚一堂，云上共享，开启我们"央美建筑青年学者论坛"的第一期。第一期的主题是"云园史论雅集：历史名园与造园名家"。首先，我们邀请论坛的总策划中央美术学院建筑学院院长、教授，美国哈佛大学、哥伦比亚大学客座教授朱锫先生致辞。

朱锫（总策划）：尊敬的各位来宾，大家下午好，欢迎大家再次来到中央美术学院的学术现场。

2020年，中央美术学院创办"央美建筑青年学者论坛"（CAFAa Young Scholars Forum），它将与近年来在全球范围内产生深刻影响力的"央美建筑系列讲座"（CAFAa Lecture Series）一道，共同打造具有鲜明央美建筑特色，蕴含批评、包容、开放精神的国际建筑学术平台。

回顾央美建筑系列讲座，自2018年发起创立以来，持续邀请当今世界上最重要的建筑思想家、教育家、建筑师亲临央美，参与学术讲座和讨论。将主题讲座与之紧密关联的专题讨论会相互结合，是这个系列讲座的特点。我们曾经先后邀请到国际著名建筑师、普利兹克奖的获得者、哈佛大学和中央美术学院教授雷姆·库哈斯，举办题为"近期创作与思考聚焦"讲座与"广普乡村"研讨会；哈佛大学设计研究生院院长、教授莫森·莫斯塔法维，举办"建筑与情境"讲座与"后包豪斯：知识分子、建筑学与社会重建"研讨会；我们国内重要的学者、著名园林家、北京大学教授、北京大

学考古文博院特聘教授曹汛先生，举办了题为"中国的造园艺术""中国的叠山名家""造园大师张南垣"三场讲座，以及"'为往圣继绝学'曹汛先生学术思想研讨会"，这个题目可能跟今天的研讨会有一个相互的对应。在此之后我们又请到了国际著名建筑师、普利兹克奖获得者矶崎新，举办了"矶崎新之谜：60年代以来的建筑运动"讲座和研讨会；还有国际著名建筑师、哥伦比亚大学建筑与城市规划研究院终身教授斯蒂文·霍尔，举办了题为"建筑创作"的讲座与"锚固、知觉与建筑现象学"的研讨会。

今天，"央美建筑青年学者论坛"的创立将立足建筑学术前沿，邀请国内外最杰出的青年建筑学者共聚一堂，深入探讨有关建筑历史、理论实践等敏感话题，打造具有独立批判视角的学术生态，为青年学者建筑师的成长发展提供支持。

本论坛为"央美建筑青年学者论坛"的第一期"云园史论雅集：历史名园与造园名家"，旨在探究作品与作者之间的血缘关系，在很多艺术创作领域，这都是一个令人着迷、充满想象力的话题。

感谢大家的支持，也特别感谢今天各位演讲及对谈的青年学者嘉宾，期待用你们多年来专注深入的学术研究观点，为我们带来一场生动精彩的令人启发的学术盛会，谢谢大家。

侯晓蕾（主持人）：感谢朱锫院长。接下来有请中国艺术研究院建筑与艺术史学者、中央美术学院高精尖创新中心专家王明贤先生致辞。

王明贤（总策划）：各位朋友下午好，经过几代学者一百多年

的不懈努力，中国建筑园林史论研究已经成为世界建筑史学和园林史学的重要分支学科。20世纪90年代有学者将中国建筑历史的研究分为三个阶段：第一阶段，可以称之为文献考古阶段；第二阶段，是实物考古阶段；第三阶段，是对建筑之诠释阶段。前两个阶段主要着眼于建筑是什么，第三个阶段主要着眼为什么。第三个阶段属于20世纪八九十年代，已经出现一些研究成果。

21世纪以来，更有不少青年学者投入建筑园林史论研究中，他们关注新方法、新材料、新问题，拓展了史论研究的视野和领域，为此中央美院建筑学院发起主办"央美建筑青年学者论坛"，立足建筑园林研究的学术前沿，邀请国内外青年建筑师就建筑园林史论与青年学者共同探讨，希望能建构一个开放的国际性建筑园林研究的学术平台。

我们也希望参加"央美建筑青年学者论坛"的年轻人在未来的10年、20年、30年里能出现世界一流的建筑学者，出现世界一流的建筑园林史论学者，出现世界一流的艺术家学者。

本论坛第一期的活动主题为"历史名园与造园名家"，邀请8位青年学者做专题报告，并邀请专家学者展开对谈。

本期的第一个分主题是讨论明末清初的造园大师张南垣，讨论张氏家族和张氏之山。回想60年前，曹汛先生开始研究张南垣时，单枪匹马、孤军奋战、呕心沥血，终于使人们认识了张南垣这位几乎被遗忘的世界造园大师。

去年，曹汛先生在央美建筑学术系列讲座所做的讲演，可以说是张南垣研究的学术总结。令人感到欣慰的是，张南垣研究后继有人，今天总共有3位青年学者讨论这个主题：顾凯讨论的是"张鉽与清初寄畅园的山水改筑"，黄晓讨论的是"张南垣研究的最新发现——《张处士墓志铭》"，秦柯讨论的是"张南垣和他的家族"。接下来各种演讲同样很精彩，段建强讨论的是"《玉华堂兴居记》豫园史论问题初探"，刘珊珊讨论的是"明代周廷策与止园飞云峰"，张龙讨论的是"清漪园赅春园写仿金陵永济寺史实考"，吴晓敏、范尔蒴讨论的是"以山近轩为例来谈乾隆皇帝与避暑山庄的营造"。这次云园雅集探讨园林与作者之间的关系，中国古代园林的营造者经历了四种身份：园主、诗人、画家和造园家。历代名园和造园名家之间丰富有机的关联，能使人深入认识计成所说的"能主之人"在造园中的作用，对今天的建筑设计和园林设计都会有所启发，我想这也是我们今天云园雅集重要的学术意义。

刘珊珊（主持人）：感谢朱院长和王老师的致辞，接下来向大家介绍这次论坛报告内容的框架。

中国古代造园最重要的两个流派是北方的皇家园林和南方的私家园林，本次论坛的报告主要从这两个方面展开。前五位老师探讨江南的私家园，后三位老师探讨北方的皇家园林。

同时本次论坛又跨越了明代、清代两个朝代，前面是关于明代江南园林的研究，后面是清代皇家园林的研究。刚刚王老师提到张南垣是中国造园史上非常重要的人物，张南垣及其传人跨越了明清两代，同时他们也联系起了江南园林和皇家园林。

张鉽与清初寄畅园的山水改筑

| 顾凯（东南大学建筑学院副教授、硕士生导师）

今天向大家简要汇报我此前的一个小研究，就是张鉽怎样对清初寄畅园进行山水改筑，从中我们可以更好地理解明末清初最著名的造园家张南垣的营造特色。

我们知道寄畅园是江南，甚至整个中国的名园，比如曹汛先生评选中国的五个金牌园林，排第一的就是寄畅园。寄畅园在明中期创建，当时叫"凤谷行窝"，之后曾有多次大的改动。关于这个过程，黄晓老师有很多的研究。晚明秦耀当园主的时候进行过大改，定下了寄畅园的名字，并且留下了很多丰富的历史材料。

寄畅园在当时已经是一时名园了，王穉登在《寄畅园记》里面说这个园子是超出其他园林之上的，从宋懋晋的绘图里面，我们也可以看到很多出色的园景，比如"涵碧亭"图里有池岛、溪瀑（图1），又有曲涧（图2）、水廊（图3），其中"知鱼槛"的名字今天还在，当年是跨在水上的。

晚明寄畅园的面貌和今天有很多差别，这从平面的比较上就能看出来——黄晓老师对晚明寄畅园的复原平面（图4）和20世纪80年代的测绘图（图5）。这里我们集中谈最重要的山水景观问题。从两个平面的比较可以发现，虽然园内大的山水关系是一致的，但很多具体的营造方式改变了。

晚明以后，寄畅园的历史文献还是很丰富的，我们从历史考察中知道，引发晚明和今天之间差别的最主要的就是清代初期的改造。乾隆南巡时留下的一些图像资料和今天已经很接近了。

那么清初的这次改造有多重要呢？我们来看一条文献，这是康熙《无锡县志》里"寄畅园"条目中的一句。当时寄畅园的主人秦松龄是参编《无锡县志》的，那么这条应该就是秦松龄自己写的，其中这一句话特别重要："园成，向之所推为名胜者一切遂废。"

我不知道大家有什么感受，我读到的时候很震惊，因为太不寻常了。不同寻常有几个原因：首先是这种表述本身很罕见，一般不会大肆宣扬改掉前人的园子；其次，晚明留下来的寄畅园已经很有名了，不仅是秦耀多年的心血，而且有大量的名人诗咏，如果说破败了可以整修，怎么就彻底改掉了？第三点，也是最重要的一点，那就是寄畅园是秦家先人留下来的，称得上是秦氏家族的象征。秦松龄很年轻就中了进士，然后他和他父亲重新整合了已经分裂、破败的寄畅园，因此重修寄畅园可以说是重振家族门楣的一个重要象征。这种重修家族旧园的情况在历史上并不罕见，一般会说是"复旧观"，表达家族重新回到以前的荣光。但这里不是，而是要把家族前辈引以为荣的园林名胜，全部推倒重来，况且这不是偷偷摸摸干的，而是在地方志里大大方方地向世人宣告。那么唯一的解释就是，这种推倒重来不仅不是有损家族形象的，而且是值得自豪的。

那么为什么可以引以为荣呢？《无锡县志》"寄畅园"条还有一句话，大意是说，张南垣的造园叠山非常厉害，超出

图1 涵碧亭（无锡博物院藏）
图2 曲涧（无锡博物院藏）
图3 知鱼槛（无锡博物院藏）

前人太多了，寄畅园改造是张南垣的侄子张鉽来做的，把张南垣的技艺带到了无锡，这是可以让无锡人很骄傲的。所以我们可以理解，为什么秦松龄在《无锡县志》里说把自己家族的园林彻底改掉是一件自豪的事，因为新的造园超出前人很多。

究竟这次改造厉害在什么地方呢？有哪些可以关注的点呢？秦松龄说张鉽代表了张南垣，那么我们先看看张南垣的特点，回过头来再看他在寄畅园里做了什么。

对张南垣叠山特色的研究已经很多了，我做一点简要摘取。张南垣叠山是有鲜明风格的，被称为"张氏之山"，对此可以总结出最重要的两个方面：一是如董其昌、陈继儒所说的，有"知夫画脉"的视觉上的画意；二是如戴名世所总结的，有"如入岩谷"的体验。这两点也是我这个报告主标题的由来。

我们再来看清初改造以后的寄畅园，因为没有当时的图像资料，主要来看文献。在当时的诗文里，常会把两处山水景象做重点的并列描述：一个是主景山池区，可以在池畔的亭廊观"止水"池景（"循长廊而观止水"），以及隔池扑面而来的"苍翠"的山景（"扑帘苍翠逼"）；第二是山中的涧泉，可以结合"峭壁""礴石"而赏"响泉""泆流"（"倚峭壁而听响泉""礴石泆流涓"）。所以对于清初寄畅园的山水改筑，也可以从这样两个重要的位置区域来认识：一个是作为主景的山池结合区，一个是作为特色的山中谷涧区，这两个方面，恰好和"张氏之山"的两大特色相对应。

先来看山池区的画意经营。大致对比一下平面上的核心区域，在清初，跨水的亭廊等去掉了，还有一些不是平面上能够看出来的。

总的来说，晚明寄畅园的山水主景区有比较复杂的营构，景点比较多，建筑的分量比较重，并且在假山之上还树立了多处显著的石峰供欣赏。

这里我们稍稍引入一些园林史的认识。在秦耀所处的16世纪后期，逐渐有较多的建筑营造进入山水的安排当中。游赏者可以在更为舒适的行进和休憩当中，从容地欣赏各种景致，整个园林也会因为建筑的精致营造显得富丽堂皇。这是当时的造园风气。

但到了17世纪发生了变革，这些曾经受到赞赏的营造就有问题了。不仅有假山的方式，山水中大量的建筑也带来了一些问题：长廊以及连接的建筑不仅割裂了水面，使水景不够突出，更使山水相对分离而严重削弱了山水的关系。山水自然的整体感仅仅存在于比如说涧水飞瀑的局部，对山水景致的欣赏就显得过于涣散，不够整合统一。再来看清中叶寄畅园的图像，假山已经基本上没有"峰峦""岩洞"了（图6～图8），而是以土山为主、点缀叠石，上面植物丰茂，像真山坡麓一样，跟今天我们看到的景象也是差不多的。

所以我们大致可以看到清初在这里改造的一些要点：一方面，对于假山，是用典型的"张氏之山"进行改造，不竖峰石，

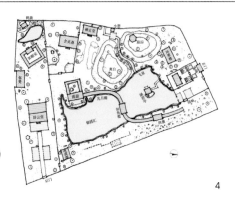

图4　秦耀寄畅园平面复原示意图（黄晓 绘）
图5　当代寄畅园平面图（引自潘谷西《江南理景艺术》）

4

5

而是土山为主、错之以石，就像顾景星描述的"多陂陀漫衍之势"，并设亭于山的后部，以合画意；另一方面，水池区域变动最大，池中及池西与假山相接的一侧，所有的建筑都被去除了，甚至涵碧亭所在的岛屿也消失了，仅在东侧形成亭廊，在池西岸营造出山水相接的自然效果。总体上大片的水面得到了完整的呈现，水景是尤其突出的。山水关系不同于此前仅通过涧水流瀑，山和水形成了较为完整的密切配合。所以在东西横向上构成了明确的池东岸对望西侧山水的隔水看山格局。

这个效果最大限度地利用了位于假山之后的惠山，在清中期这幅画上可以看到（图8），后面这一大片是惠山。园中"多陂陀漫衍之势"的营造，不仅本身就像一座真山的岗阜一样，而且很像惠山的坡麓余脉，从后往前绵延，到达水池的西岸，使园中的山水和园外的真山有一气相连的感觉，形成绝妙的借景，因此后来袁枚也正是把借景视为寄畅园最大的特色。

在东岸西望获得真山绵延景致效果的同时，这种隔水观山还呈现出强烈的画意效果。前面说过"张氏之山"本身就以富于画意著称，尤其是元代画家的画风，那么在寄畅园这个实例当中，张鈇除了对假山本身形态的改造，还注重山和水的配合，以及建筑作为赏景场所的设置，它们共同实现了隔水看山，获得了画意效果。在这里展现的一些文人诗句里面，大家可以看到当时人们是怎么欣赏寄畅园的。

图6　《清高宗南巡名胜图·秦园图》（引自《中国古典风景园林图汇》第1册）

图7　《南巡盛典·寄畅园》（引自孟白《中国古典风景园林图汇》第2册）

图8　钱维城《弘历再题寄畅园诗意卷》（杭州西湖博物馆编，《历代西湖书画集》，杭州出版社，2010，故宫博物院藏）

这是现在的实景照片（图9），我拍得不够理想，其实后面的惠山是可以看到的，横向的画意也是能够体会到的。除了东西横向的隔池观赏，南北纵向上也可以获得平远丰富的层次效果（图10）。北岸南望还可以远眺到锡山的龙光塔（图11），所以有"青川塔影浮"的效果，这是另一个借景，这在张鉽改造之前效果是不同的。

接下来我们来看谷涧的游观体验。首先寄畅园历来就是以引入二泉之水，形成溪涧泉瀑之景作为园中的一大特色，这点从来没有变过，从明中期一直到后来都有这方面的欣赏，涧泉、水声是园林特色很重要的体现。

这跟后来有很大的差异，即清初之前溪涧是在假山山体表面的，跟现在看到的八音涧不太一样。在清初张鉽的改建当中，这个特色景观得到了大刀阔斧的修改。他在保留涧泉飞瀑的同时，增加了新的内容，将山上的"溪涧"改造成为山中的"谷涧"。

从平面图的对比中可以看到，涧泉入池的位置发生了明显的改变，新的涧道得到了开辟，而不是旧涧的整修。原来是在这个位置入池的，现在看到的八音涧则是另外一个位置。

在文献里面我们看到有"凿"字、"破"字，很形象地说明了该工程的要点。在以土为主的假山之中，"破"开、"凿"出一条新的谷涧，同时伴随着的是在谷道两侧的叠石工程。那么和寄畅园此前的涧瀑相比，这条新凿的涧道优越在什么

地方呢？

这在康熙《无锡县志》里面秦松龄是有描述的，词句不多，却很精确。除了"引二泉之流"一直是水景的来源，"曲注层分、声若风雨"还说明在水景的视觉和听觉欣赏两个方面得到了加强。

曲注层分是视觉的形态，又可以分两个方面。一是"曲注"，是平面上的弯曲形态。李念慈的"曲折迥岩坳"，说明岩坳空间中的曲折幽深感。在曲的同时，还可以看到其中又分为数道细涧的变化，这是平面形态的新发展。

二是"层分"，则是竖向上的层次形态设计，改造之后的泉涧又被称为"三叠泉"，更加突出了竖向变化的特点。顺便说一下，"八音涧"这个名字是到民国才出现的。

秦松龄讲的"声若风雨"，说明在声景方面是更加突出的。由于谷涧的空间可以汇聚水声，声音效果得到了强化。这里引用钱肃润的诗，"万顷波涛"是一个轰鸣般的夸张的形容。邵长蘅的《园记》里，可以看到在涧流的各段，设计者还通过多样化的处理，使泉声产生了细腻多样的效果。

今天的八音涧的效果和记载是有所差异的，入池的飞瀑、水平的细涧分流和竖向的三叠层分都几乎看不到了，声景上跟万顷波涛的轰鸣感也相距甚远。这些既是由于二泉水量的不足，跟后来的维修也有关系。陈从周先生同样表达过这方面的遗憾。

《无锡县志》里面还有一句话是"坐卧移日，忽忽在万山

图9　从池东亭廊隔水西望
（顾凯　摄）
图10　从池南岸北望
（顾凯　摄）

之中"，这是改造最重要的一个效果。前面说过"张氏之山"重视身体进入真山水的游观体验，晚明寄畅园的涧瀑之景，尽管出色，却仍然只是一个外在的"景"，缺乏人在景中游观体验这一"境"的获得。

而通过新凿的高谷深涧，使游人置身其内进行游赏，可以达到前所未有、身临其境的峡谷的山水感。从这个方面来讲，今天八音涧的游观当中（图12），还是颇有深山幽谷之趣的。

图 11　从池北岸南望
（顾凯 摄）
图 12　八音涧局部
（顾凯 摄）

11

12

《张处士墓志铭》：张南垣研究的最新发现

| 黄晓（北京林业大学园林学院副教授、中国风景园林思想研究中心秘书长）

一、张南垣的历史地位

2020 年 2 月无锡的秦绍楹先生发现张南垣的墓志铭，这是园林史研究的一份重要材料。张南垣的地位很多人已经非常了解，这里可以通过两条材料再认识一番。

一是曹汛先生的评价，他认为张南垣的成就可以与法国的造园家勒诺特尔、英国的造园家布朗以及日本的造园家小堀远州相媲美，他们生活的时代接近，东西方在同一时期涌现出许多造园大家，群星璀璨。张南垣作为中国造园家的代表，"在人类文化史上应该有一个高贵的席位"。

二是如果我们回到张南垣的时代，回到晚明，可以把张南垣跟《园冶》的作者计成相比较。如果说计成是晚明最重要的造园理论家，那么张南垣可以说是晚明最重要的造园实践家。北京建筑大学的傅凡老师有一篇文章，叫作《一时三杰》，讨论的就是张南垣、计成，加上《长物志》的作者文震亨。计成是晚明最重要的造园理论家，张南垣是最重要的造园实践家，文震亨则可以视为最有品位的文人园主。一件好的设计作品，以至一个好的创作环境，理论家、实践家和有品位的甲方，三者都非常重要。

二、张南垣的相关研究

我们先回顾一下张南垣研究的历程。最早关注张南垣的是谢国桢先生，始于大约 90 年前，他在 1931 年发表《叠石名家张南垣父子事辑》，搜集整理了张南垣、张然父子的很多事迹，奠定了张南垣研究的基础。

此后最重要的研究张南垣的学者是曹汛先生。曹先生发表第一篇相关文章是在 1979 年，最晚一篇是在 2018 年。曹先生在文章里提到，他开始研究张南垣的时间还要更早，始于 1963 年，他只有 27 岁。可惜之后不久就碰上"文化大革命"，因此成果在 1979 年之后才陆续发表。

曹先生的张南垣研究有三篇文章非常重要：一是 1979 年的《张南垣生卒年考》，考证出张南垣的出生时间和重要事迹；二是 1988 年的《造园大师张南垣：纪念张南垣诞生四百周年》，对张南垣的造园叠山风格做了精辟的概括；三是 2009 年的《张南垣的造园叠山作品》，考证了他数十年来发现的全部张南垣造园作品，并进行了全面的讨论。

曹先生的系列文章，首要关注的是张南垣，其次就是张南垣的儿子张然。从中可以看到谢国桢《张南垣父子事辑》的影响，感受到两代学者之间的传承和延续。

近年来又出现不少张南垣研究的重要成果。本次论坛邀请到的秦柯老师和顾凯老师，在张南垣家族和造园艺术研究方面做出了许多推进。

张南垣的研究在 2007 年有过一次重要发现，曹汛先生找到了张然的墓志铭（图 1）。曹先生非常期待，认为既然能找到张然的墓志铭，以后或许也能发现张南垣的墓志铭。他考证出张南垣的生年，但卒年一直不能确定；张南垣四个儿子，能确定姓名的只有张然和张熊；此外还有张南垣生平

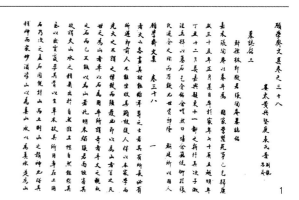

图 1　黄与坚《封儒林郎徵君张陶庵墓志铭》（《愿学斋文集》卷 38）

的许多事情，如果能够发现墓志铭，这些问题都可以迎刃而解。

三、乔莱《张处士墓志铭》

转眼十多年过去了。2020 年 2 月 25 日，秦绍楹先生发现了这篇《张处士墓志铭》。顾凯老师刚才讲的寄畅园又称"秦园"，1952 年以前一直属于秦氏家族。秦绍楹就是秦家的后人，他在整理寄畅园资料时发现了这篇墓志铭（图 2）。

墓志铭的作者是乔莱。秦先生将文件发给我，托我转给曹先生。曹先生看到后非常吃惊，说乔莱并非无名之辈，他中过博学鸿儒科，是康熙朝著名的文人，以前翻过乔莱的文集，居然没有留意到这篇文献。

我个人也关注过乔莱。在《园林画：从行乐图到实景图》这篇文章里，我讨论过《柘溪草堂图》（图 3），描绘的是乔莱父亲的园林。画上有很多题跋，都是乔莱邀请文人名士题写的，其中还有聘请张鉽改筑寄畅园的秦松龄。

看到乔莱这篇墓志铭后，我通读了他的文集和年谱，梳理出乔氏和张氏之间的交往。尝试探索张南垣的墓志铭为何会由乔莱撰写？他与张家之间的关系是什么？

《张处士墓志铭》收在乔莱的《归田集》，是他归隐之后所写，时间在康熙二十五年（1686 年）以后，应该是受到张南垣儿子张然或孙子张元炜的委托。

乔氏与张氏有很多交集。康熙十四年（1675 年），张然在

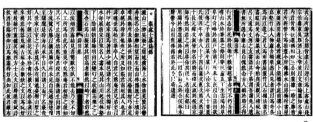

2

3

图 2　乔莱《张处士墓志铭》（出自《归田集》）
图 3　吴宏《柘溪草堂图》（南京博物院藏）

北京为冯溥修筑了万柳堂，三年后乔莱为冯溥写了《万柳堂赋》。乔莱中过博学鸿儒科，冯溥是博学鸿儒科的主考官，当时一大批著名文人，乔莱和秦松龄等都是冯溥的学生。康熙二十年（1681 年）张然主持建造皇家园林——南海瀛台。之后康熙在这里宴请群臣，乔莱写了《瀛台赐藕赋》和《赐宴瀛台赋》。

由此可知，乔莱对张然的造园作品很熟悉，写过相应的文章，但这些还是间接的交往。后来两家有了直接的交往。康熙二十八年（1689 年），张然从北京辞职返回江南老家，画了一幅《乞归图》。这年之前乔莱已经先回到江南，他的长子乔崇烈给张然这幅画题了一首诗，叫作《题张陶庵乞归图》。康熙三十年（1691 年），乔崇烈也回到江南，又为张然做了一首《题陶庵画》，而且在宝应给张然长子张元炜送别，题目叫《送张铨侯返嘉禾》。可知张元炜来过乔莱的家乡宝应。张南垣墓志铭的委托，很可能就是在这一时期。

乔莱是天下闻名的名士，所以张家委托他给张南垣写墓志铭；张家则是造园能手，这一时期乔莱正在造园。乔家就像寄畅园所属的秦家，也是当地的望族，非常热衷造园，除了刚才提到的柘溪草堂，还有陶园、乐志堂和纵棹园等。其中纵棹园是康熙三十年左右乔莱所建，正好在张家委托他写墓志铭期间。所以我们看到，两家之间可能有双向的交往，乔家给张家写墓志铭，张家则给乔家造园。这些细节把我们重新带回鲜活的历史原境中去。

四、张南垣其人

下面来讨论这篇墓志铭。张南垣作为一名艺术大师的成长之路，在墓志铭中多有涉及。

根据顾凯老师的研究，晚明清初造园艺术出现了关键的转变，即对画意的重视。墓志铭提到，张南垣早年经常展看唐宋以来的名人画本，揣摩画意。学画之外，造园家还要接受真实山水的陶冶。墓志铭还提到，张南垣曾经到处游历，从江南的吴越到湖北河南的楚豫，以及西北的陕西和关陇，足迹遍及天下。

因此张南垣造园的成就集大成。从绘画来说，宋元互有区别，宋代偏写实的高远山水，元代偏写意的平远山水，明代造园家有的追随宋派，有的追随元派，张南垣则融汇了宋元。从实景来说，江南和北方的山水也不相同，张南垣的足迹遍及全国，因而又能够融汇南北。

除了个人的专业修养，时代大势也非常重要。张南垣处于晚明造园的盛世，当时的王公名士竞相造园，为他提供了大显身手的机遇。时势造就英雄，英雄又会推进时势。张南垣的巅峰艺术人生，是个人天赋和时代需求的完美结合。后面我们会讲到他的四个儿子，他们的才艺可能相近，但由于时势不同，各自的成就也不同。

从历史研究的角度，有一个细节值得注意。这篇墓志铭提到张南垣的名字，"君讳琏"，是王字旁"琏"。之前很多材料提到张南垣，多是三点水"涟"。顾凯老师提醒我关注这个细节，张南垣是张琏还是张涟呢？

两个字背后都有重要文献作为支撑。三点水“涟”出自吴伟业《张南垣传》和黄宗羲《张南垣传》。吴伟业《张南垣传》作于张南垣生前，所以“涟”可以说是得到了张南垣本人的认可。王字旁“琏”则出现在张南垣和张然的两篇墓志铭里，属于家族的重要文献，也很有分量。这看似是个小问题，但非常值得重视，后面还会提到。

五、张南垣的先辈

墓志铭提到了张南垣的先辈，比较简略，只说张南垣的父亲“默庵君兄弟并以科甲起家，遂为著姓”。由此知道，张南垣出自书香门第，父辈拥有功名，并非以前推测的，祖辈都是工匠。关于张南垣的先辈，早年发现的张然墓志铭涉及更多，其中提到一位名人，叫张所望；张南垣的父亲，叫张所谋。秦柯老师做过非常深入的研究，将在下场报告里介绍。

张所望是晚明的江南名士，有着广泛的社会影响，如果能够确证他跟张南垣的叔侄关系，我们对张南垣的认识会有很大的改变。这样会把他跟一个庞大的家族联系起来。有鉴于此，在考证两人关系时，尤其需谨慎，要深入论证每一个细节。明确指出张所望和张南垣叔侄关系的是张然墓志铭，但目前尚无其他直接的旁证。秦柯老师查到张所望的兄弟叫张所性和张所教，没有张南垣的父亲张所谋。

正是基于这种谨慎，有必要讨论张南垣本名是“涟”还是“琏”。秦柯老师绘制的张南垣族谱，提到张所望的儿子叫积源、积润，都是三点水旁。古人名字里中间的字有时会省略。所以如果张南垣是三点水“涟”，那他与张所望同族的可能性就会增加。如果是王字旁“琏”，证据的天平就会倾向另一侧。

张南垣和张所望的关系，我倾向认同目前秦柯老师的考证。不过感觉有些细节仍值得推敲，或许会揭示出一些独特之处。张南垣有这么著名的亲叔叔，他交往的很多人像董其昌、陈继儒，跟张所望都有交往，但这些人从未提过这件事情，让人猜想其中可能会有故事（图 4）。

六、张南垣的子孙

张南垣墓志铭另一个非常有价值的部分，是提到了张南垣的儿孙。他们和张南垣一起，构成了“山石张”造园团队的骨干，从中可以看到一个家族的变迁和经营。

张南垣长子叫张熹，曹汛先生推测可能是崇祯十六年（1643 年）为祁彪佳改造寓山园的张轶凡，他的活动范围在江南一带的绍兴、嘉兴、杭州、上海。

张南垣次子张勳，在清朝顺治初年到北京为相国冯铨造园，把“山石张”的影响扩展到北方。

三子张熊的活跃时间是康熙年间，在江南全面继承了张南垣的事业。四子张然也活跃于康熙年间，他从江南来到北京，成为皇家园林的总设计师，将“山石张”的影响推向了顶峰。

张南垣四个儿子有着不同的际遇，他们的能力可能不相

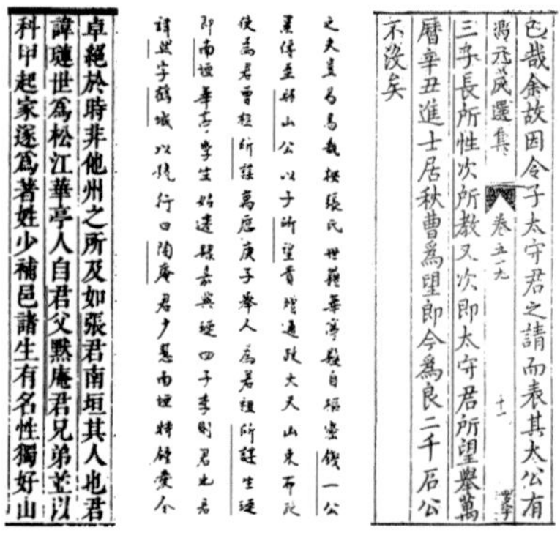
卓絶於時非他州之所及如張君南垣其人也君
諱璉世爲松江華亭人自君父默庵君兄弟並以
科甲起家遂爲著姓少補邑諸生有名性獨好山

邑哉余故因令子太守君之請而表其大公有
溯流風選集　卷五十九　十一　葉
三子長所性次所教又次即太守君所望舉萬
曆辛丑進士居秋曹爲望郎今爲良二千石公
不沒矣

4

图 4 《张处士墓志铭》（左）《张陶庵墓志铭》（中）和《张汝问墓表》（右）的相关记载

上下，但长子和次子的发展显然不及三子和四子。长子和次子成名于明清易代的动乱时代，所以江南的事业和北方的拓展都未能成功，他们的历史影响也相对较小。三子和四子则是在安定繁荣的康熙年间，有机会大展身手。张熊巩固了"山石张"江南造园的大本营，张然则把江南造园带到了京城，使张家成为天下闻名的造园世家。

在张氏家族的发展中，张然是个关键人物。他具有非常出色的家族经营意识，为康熙建造畅春园时，他把儿子带到北京一同工作，这样就形成了传承，他的两个儿子张元炜和张淑都成为皇家园林的设计者。

考察张氏家族五代人的变迁很有启发。第一代张南垣的父辈们是科甲出身；第二代张南垣不喜读书，另辟蹊径，选择了造园叠山，开创出一片新天地；第三代张南垣的四个儿子将他的造园艺术发展到极致，张然进入宫廷后借此获得封号，拥有了官职；第四代张然的两个儿子仍然擅长造园叠山，同时也都拥有官职；到了第五代张南垣的曾孙辈，墓志铭里只提到他们的功名，是否仍从事造园已不得而知。

有资料记载，张然次子张淑去世后，"山石张"的技艺就失传了。结合张氏家族的演变看，这种失传可能不是由于张家衰落了，而是因为子孙们重又回到科甲仕途。张氏家族的

演变，反映了社会阶层的变迁（图5）。

《张处士墓志铭》还提到了张南垣晚年的三个友人，黄观只、褚砚耘和吕天遗。能够出现在墓志铭里，表明他们与张南垣关系非常密切，此前未有学者注意，我也做了一些分析。他们都在与张南垣交游期间建过园林，很可能得到过张南垣的指点。这些线索可以引导我们发现更多张南垣的造园作品。

七、结论

最后总结一下《张处士墓志铭》的学术价值，主要有两点：

一是此前的张南垣研究，不少观点是建立在推测或考证的基础上，通过这篇墓志铭，以前的一些观点可以证实或证伪，为以后的研究奠定更坚实的基础。

二是从多方面丰富了我们对张南垣的认识。张南垣的父辈是科甲出身，他则放弃诸生的身份，在造园领域开创出一个流派，展示出天才的创造性。张氏家族社会身份的变迁，以及张南垣、张然、张元炜广泛的社会交游，编织起一张庞大的社交网络，有助于我们深入探索古代造园背后涉及的各层面的运行机制。

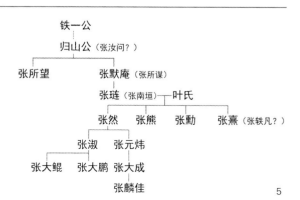

图5　张南垣家族世系图

张南垣和他的家族

| 秦柯（中国农业大学园艺学院副教授）

前面顾凯、黄晓两位老师是围绕张南垣大师的造园及其个人事迹展开研究。接下来我将从 5 个方面展开叙述，给大家带来我对张南垣家族来源的研究。

图 1 是"张南垣家族的基本世系"，我用两年时间从各类材料整理出张南垣家族大概 14 代人的谱系，他们从明初一直到清代中期，跨度大概 300 多年。

一、张南垣家族来源与张南垣籍贯

明代松江府张氏家族较多，各张氏以所居里第称呼，如龙华张、城河张。曹汛先生发现的张然墓志铭上，记载了张氏元祖为宋朝宰相张商英之孙——张铁一。张铁一随宋室南渡，居上海龙华，为龙华张氏始祖。实际上龙华张氏是庞大的家系，相关墓志铭上记载了张氏一支居于龙华的杨溪，是为杨溪张。《张氏族谱序》中提到杨溪张一支再徙，分居到上海城南的阚水桥，这一支为阚水桥张。

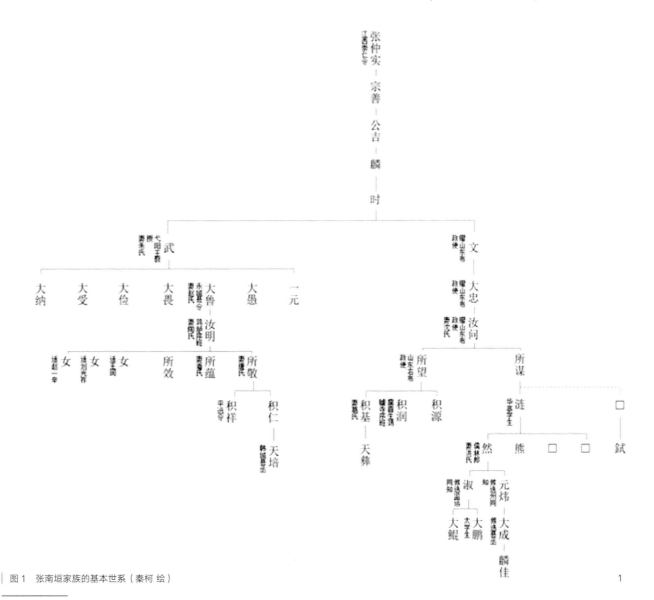

图 1　张南垣家族的基本世系（秦柯 绘）

因此，杨溪张是龙华张的一支，阄水桥张是杨溪张的一支，张南垣家族实际上是阄水桥张（图2）。

值得注意的是，明代松江氏族编撰家谱时，因种种原因常会有攀缘附会门户的现象。然而，《张氏族谱序》上记载："二派之外，若蚬滩、若龙华，虽自上世以来，号称石交，不减兄弟，终不敢以无征妄登谱牒。"由此可见，张汝明、张所敬父子在编撰家谱时十分严谨，这给研究张南垣家族带来了很多便利的条件。

现在普遍认为张南垣是华亭人。实际上，时人和后人对张氏写诗文、墓志铭时，关于张南垣究竟出于何地，有3种说法：华亭人、上海人、秀水人（嘉兴人），见表1。

张南垣是阄水桥张的一员，籍贯应为上海；早年他生活在华亭，或许还是亭桥一派；晚年时迁籍嘉兴。因此，这三种说法都是有依据的。

表1 张南垣籍贯的文献记载（秦柯 制）

序号	作者	篇名	南垣及子孙	所载籍贯
1	李雯	张卿行	张南垣	上海
2	钱谦益	云间张老工于累石许移家相依赋此招之二首	张南垣	云间
3	吴伟业	张南垣传	张南垣	华亭
4	黄宗羲	张南垣传	张南垣	秀水
5	戴名世	张翁家传	张南垣	华亭
6	陶燕喆	张陶庵传	张然	云间

续表

序号	作者	篇名	南垣及子孙	所载籍贯
7	王时敏	乐郊分业记	张南垣	华亭
8	乔莱	张处士墓志铭	张南垣	华亭
9	黄与坚	封儒林郎征君张陶庵墓志铭	张然	华亭
10	李良年	书张铨侯叠石赠言卷	张元炜	秀水

二、张南垣生父推测及家族移居情况

张然的墓志铭为我们提供了最直接的材料，上面记载道："归山公因其子所望贵，赠通政大夫、山东布政使，为君曾祖。所谋，万历庚子举人，为君祖。"张所望和他的官职是很明确的，所以这个张所望就是张南垣的叔叔。

而其中的"所谋，万历庚子举人"一句，带来了两个问题：其一，从很多文献中，发现万历庚子（1600年）科举人中松江籍、苏州籍甚至嘉兴籍，均无张所谋之名；其二，从目前发现的材料中，甚至并无张所谋其人。

在张汝问（张南垣的祖父）墓表中写道张汝问有三子：张所性、张所教、张所望。冯时可写张汝问墓表时在万历三十七年（1609年），距离张汝问死约40年，所性、所教、所望三子应为最终状态。从目前发现的材料中找不到张所谋此人，这可能有很多原因。

我本人对张然墓志铭的记载是存疑的。推测可能的原因有以下几点：

首先，张淑本人的误记，无论是张南垣的墓志铭还是张

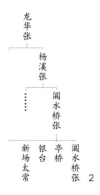

| 图2 龙华张、杨溪张、阄水桥张的基本关系（秦柯 绘）

然的墓志铭，都是张然一系的人向写墓志铭的人口述的。张然口述时，已经是康熙三十六年（1697年），距离张汝问去世已将近一个半世纪之久，距离张南垣移居嘉兴也有六十多年，中间还有明清易代，难免会有不准确的地方；其次，黄与坚在记录张淑所叙时误记；再次，《愿学斋文集》抄本中某些字的异体或避讳，教字的一个异体是"造字"，如果该字左右部分互换，则与谋字相似，然从《愿学斋文集》抄本中并无发现其他异体或因避讳缺笔，替代的性、教、谋字；最后，张所谋为后来张所性或张所教改的名。

综上所述，张南垣的父名应不是张所谋，而是张所性或张所教中的一个。

幸运的是有松江诗人唐汝询关于张所性的一首诗《赠张居士伯恒》为证，其中记述"占称无心子，千载难其俦"句似指张所性因事落职，当与王绩为知己。"有美连枝树，姓字登金瓯。河流润九里，而我将何求"句指其弟张所望进士入仕，泽及三族。"岂无仓公感，知命固弗忧"句则用淳于意（仓公）的典故，他有七女而无子事，意指张所性亦无子，但却知命而不忧虑。

据此，张所性既无子，则张南垣的生父只能是张汝问的次子张所教。同时，从这首诗里可以看到张所性曾经可能有过官职。

而关于张氏家族的迁居情况与出生地问题，张南垣的生父张所教，字仲敷，是张汝问的次子，其事迹已不详，他曾

一度与其弟张所望住在龙华老宅中。张所敬的诗《阻风过从弟仲敷叔翘宅》中写到张所教、张所望一起居住的场景，这首诗写作时不晚于万历十一年（1583年）。

到了万历十六年（1588年）张所望移家至松江府（华亭），万历二十二年（1594年）张所望中举，次年又在上海卜居，回到阛水桥。到了天启元年（1621年），张所望致仕，对上海龙华故居进行改建，也就是建了黄石园，并还家龙华。

我对1583年到1621年的时间线进行了梳理，可以看到张南垣很有可能出生在上海龙华，而不是华亭（图3）。

以下是本人对"张南垣"的名的理解。前一位讲者黄晓谈到了是"涟"还是"琏"，我认为刚开始是"涟"，因为他的从兄弟都是三点水旁。"涟"暗指旁边有一条河，"南垣"的字面意义是南墙，应该是指其家族阛水桥张氏所在的上海城南。至于后来为什么改成"琏"，这可能是张南垣从阛水桥张氏一支中另分一派。

另外，张南垣在华亭生活了至少30年。那后来张南垣为什么移籍嘉兴？《双真记》事件可能是一个导火索。

《双真记》事件发生在崇祯八年（1635年）的松江府。张所望的儿子张积润用《双真记》对朱国盛攀附魏忠贤进行了讽刺，招致朱国盛的报复，此事到张所望去世还没有得到解决。张积润为躲避报复，迁居上海。而张南垣可能作为他的亲属受了牵连，他移籍嘉兴应是在崇祯十一年（1638年）。

我在上海图书馆发现一本《陈眉公全集六十卷年谱一卷》，

张所教、所望居龙华故里	张南垣出生（据曹汛）	张所望移居松江郡城	张所望中举，为家族六十年来第一人	张所望移居上海城南阛水桥	张所谋中举	张所望中进士，为家族第一人传	张所望筑黄石园，移居龙华故里
1583	1587	1588	1594	1595	1600	1601	1621

3

图3　万历十一年（1583年）至天启元年（1621年）间张所望移家情况（秦柯 绘）

书里面有曹汛先生曾经提到的陈继儒《送张南垣移居秀州赋此招之》的诗，但此书中题目多了"蔗庵"两字。张南垣退老于鸳湖之侧，结庐三楹的房子叫"蔗庵"，"蔗庵"之号从顾恺之食蔗典故而来。《张处士墓志铭》中较为详细地记载了蔗庵的情况。

三、张南垣家族基本世系的修订

《张处士墓志铭》记载了南垣有四子十孙，我根据《张处士墓志铭》对张南垣家族的基本世系进行了修订（图4）。

张然墓志铭中提到，"抚诸侄如己出"，说明张南垣有兄长早逝了。而后他派仲子为冯铨造园，可能说明长子去世得较早。

姑且将张轶凡认为是张勋的字，待材料充足再进行修订。

四、张南垣家族人物的一些事迹

张仲实是张南垣家族的始祖，他以征辟税户成为朝廷的正式官员，开始了阘水桥张氏的诗书承家。张宗善、张公吉、张麟和张时的事迹已不可考，然"咸以诗书承家"，张宗善有诗名。但他们未能在科举上得到功名。

在南垣高祖辈中，张文、张武把阘水桥张氏分为两派。"张文，以曾孙所望貤赠山东布政使。"张武，号城南，为南垣从高祖。他有一个学生潘恩，潘恩的儿子潘允端在上海建有豫园。另外，张氏和潘氏是联姻的。

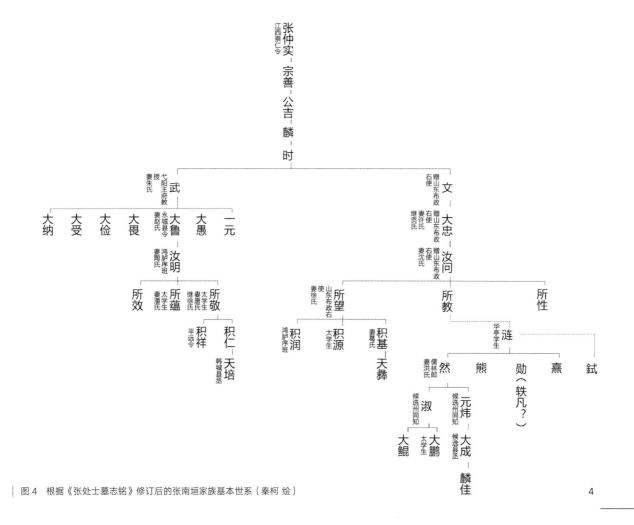

图4 根据《张处士墓志铭》修订后的张南垣家族基本世系（秦柯 绘）

南垣曾祖辈可查到的有张大忠、张大鲁。张大忠因张所望贵，赠山东布政使，张大鲁是张南垣家族中举第一人。

南垣祖辈中，张汝问是张南垣的祖父。从祖父中，张汝明以家财从生员入鸿胪序班，张汝聪在万历元年（1573年）中乡试；南垣父辈中，张南垣的叔叔张所望是最重要的人物（图5），而张所敬是当时上海文坛的领袖。

南垣的平辈有张积基、张积源、张积润、张积仁、张积祥；南垣子辈有四子：熹、勋、熊、然；南垣孙辈有十人。

五、简短的结论

张南垣生于上海龙华，其家族出自世居上海的读书世家阚水桥张氏。

虽然阚水桥张氏家族世代业儒，但科举道路并不算十分成功，一些科场失意或无意仕进的家族成员也受弃巾归山潮流影响，他们自觉或被迫选择归隐或弃巾，为了生计不得不向别的行业发展。

张所望使阚水桥张氏从上海大族发展至松江望族，对阚水桥张氏各方面的发展都起到了很大作用。

阚水桥张氏有较高甚至很高的社会交往圈子和较大的影响力。

阚水桥张氏家族在诗文、绘画、音乐、戏曲和收藏等方面有所成就。

阚水桥张氏有良好的家风。

因此，对张南垣家族人物及其事迹的发现，家族世系的建立与完善，社会交往的分析与探讨，为深入研究张南垣叠山造园思想与风格的形成、发展和创新，为深入研究中晚明江南造园思想、风格和实践的嬗变提供了新的材料。

图5 《松江邦彦图》绘本和石刻中的张所望形象（绘本为南京博物院藏，石刻为醉白池藏）

《玉华堂日记》中豫园史料问题初探

段建强（内蒙古工业大学建筑学院教授）

感谢央美建筑学院邀请我来参加"云园史论雅集：历史名园与造园名家"这个论坛。论坛上的话题都是围绕晚明园林展开的，前面顾凯、黄晓、秦柯三位讲者对张南垣大师做了深入研究。实际上在晚明的园林兴造里，文人是非常重要的群体，包括文人之间的交游，文人之间对园林的认知、游赏、兴造和评价，涉及很多实例，也涉及造园家、造园理论等。

豫园是上海非常重要的园林，在晚明就与王世贞的弇山园一起，并称为"东南名园冠"，这在当时人陈所蕴的《张山人卧石传》里就有提及。在 2019 年 11 月 5 日，习近平主席夫妇在豫园的玉华堂会见了法国马克龙总统夫妇，使豫园玉华堂再次进入大众视野（图 1）。豫园的主人是潘允端，潘氏家族与张南垣张氏家族有非常密切的联系，这两个家族之间有联姻。潘允端的父亲潘恩，是张氏家族张武的学生。

如今在研究园林时，我们往往失去一个历史的视角，即我们无法像园林主人那样在园林里一直游赏，不能一天都居住在园林里。历史上一些园林中重要的历史事件，是以怎样的方式呈现？我们就需要通过文献史料去解读。例如这张照片看起来平淡无奇，但实际上是马克·吕布（Marc Riboud）在 20 世纪 80 年代在豫园所摄（图 2）。在这之后，此处成为豫园一个重要的景点，历史虽然是很有趣的，如果我们要在历史文献中寻找线索，却是一个漫长的过程。

我本人的研究是从园林文献开始的。我在 2006 年的硕士学位论文《〈园冶〉与〈一家言·居室器玩部〉造园意象比较研究》中，以《园冶》和《一家言·居室器玩部》为研究对象；2012 年的博士学位论文《豫园历史研究（1559—2009）——从"东南名园"到文化遗产》中，以豫园为研究对象。

在将近十年的时间里，我一直在史料、文献、案例、研究中来回往复，从史料到案例、再从案例到文献、再从文献到研究，现在又返回到史料。而这份史料，就是今天要解读的《玉华堂日记》。

接下来将以《玉华堂日记》为研究对象，谈一谈豫园的史料问题。主要涉及 4 个方面：孤例与旁证、人物与残山、造园与范式、历时与历史。

一、孤例与旁证

《玉华堂日记》是一个稿本，现存于上海博物馆。它是豫园主人潘允端记录的从 61 岁一直到去世，自万历十四年（1586 年）正月十六日起，至万历二十九年（1601 年）五月十一日止，计十五年的《潘方伯公玉华堂兴居记》，其中仅残缺万历二十六年正月、二月前半月。黄仁宇先生著有《万历十五年》一书，而《玉华堂日记》是万历十四年开始写的，记录了潘氏家族在造园过程里的活动和其他丰富的内容。

为什么叫玉华堂？因为豫园里有"玉玲珑"这一块奇石（图 3）。坊间一直有很多关于玉玲珑的传说，但真正记载玉玲珑的要数《玉华堂日记》这一重要史料。《玉华堂日记》里提到万历十八年七月二十三日，玉玲珑是怎样被立在

图 1 玉华堂内景（豫园管理处提供）　│　图 2 豫园（马克·吕布 摄）　│　图 3 玉玲珑（段建强 摄）

豫园里的:"……辰唤人下玉玲珑,秋暑太甚,午用百人,不能下,……析村、卧石十人同坐看偶戏,抵暮已。石方到地。"由此可见关于玉玲珑的安置,正是因为有《玉华堂日记》这样的文献,如今可以把园林历史,尤其是园林现状里非常重要的一些事实和场所里的要素、造园的过程,精确到历史上的某一时刻(图4)。

豫园始建于晚明,当时文人所崇尚的品位对园林的兴造产生了重大影响。例如明陈洪绶的《玉堂柱石图》,点出了玉华堂涉及的玉玲珑、白玉兰这两种非常重要的晚明文人赏鉴的对象(图5)。另外还有明范濂的《云间据目抄》、叶梦珠《阅世篇》、王世贞的《弇州山人四部续稿》等,史料间会互相印证(图6)。

从史料的角度出发,本人发表了一些文章:《〈园冶〉近代重刊及其对近代造园学科之影响初探》《文体学视角下造园文献遗产再审视》《意象重构:近代学科中的"园林"图像》。

二、人物与残山

从史料的角度去研究园林问题,涉及一个相当重要的史实,即造园中人物与(造园)现场之间的关系。

比如文献中所体现出的豫园门额,"豫园"两字由王穉登所题(图7)。王穉登,字伯谷/百谷,是文徵明的学生,也是"吴门派"里(文徵明之后)的重要人物。他与王世贞、潘允端都有交往,而且彼此之间的交往非常密切。王穉登给潘允端

豫园题写了门额,在王世贞的弇山园与之有过诗词唱和,在万历二十七年(1599年)寄畅园修成之时,秦耀邀请王穉登写了《寄畅园记》。上述这些构成了晚明造园一个非常宏大的叙事和背景,在《玉华堂日记》里也都有所体现。另外,本人的文章《翳然林水与平冈小陂:豫园与寄畅园掇山比较研究》对王穉登和这两个园林的关系进行了一些探讨。

回到《玉华堂日记》的史料,它涉及非常多关于造园的内容。这里面有三个问题:

第一,现在普遍认为的豫园武康黄石大假山,是晚明留存下来的。实际上《玉华堂日记》中记载的大假山,与现在的风貌有很大区别(图8)。

第二,包括湖心亭在内的一些历史场景性事物,其实在当时都是大假山前面的水池。这个水池是潘允端《豫园记》里记载的菜畦的洼地,是疏池造成的。

第三,豫园的晚明风貌、清代风貌与当下风貌有很大的差别。再如这张照片反映的是清末湖心亭的桥还是木栏杆时的状况,可见此时玉玲珑等置石在一个土堆之上。但如今开始复原时,会发现玉玲珑下面有很多作为基础的叠石(并非孤置,有很强的技术性)。因此《玉华堂日记》里会提到,为什么玉玲珑这样一块石头需要上百人做一天的时间才能完成?这里面涉及了置石堆掇的技术性问题。

而从陈从周先生的角度,他认为恢复"古园",定位大假山、定位玉玲珑,还有一个点是要定位植物。豫园里非常典

图4 玉华堂兴居记(上海博物馆藏)

图5 陈洪绶《玉堂柱石图》(来源网络)

图6 《云间据目抄》书影

图7 王穉登隶书"豫园"门额

型的是有一棵银杏树，据说是潘允端在兴造豫园时亲手栽植，从树龄来看确实有几百年，对恢复园林有重要的帮助。大假山、玉玲珑和银杏树，在《玉华堂日记》里都有详细的记载，这是我们复原豫园风貌时的重要参照。

三、造园与范式

从现有研究看，今天所见的豫园，尤其豫园东部是以陈从周先生的复原为依据的。在当下的园林研究里，有两种情况：一是文献上的园林，包括文字的（园林）、图像的（园林）；二是现实园林。这两种情况有相当重要的差别，一方面是要想清楚历史上园林史实是什么样的，另一方面要基于现状去判断，到底哪些园林是存续的。

更为重要的是，我们需要看到园林的历史变迁，《玉华堂日记》为解读豫园提供了线索。其连续记载的 15 年间，跨越了豫园兴造的三个大分期：肇造期、兴造期和完善期。后来在潘家迅速衰落后，豫园变成了一个松散的空间，从清乾隆年间的《邑庙西园图》里，可以看到玉玲珑、湖心亭、大假山的位置都已经分散，基本上像是城市道路和景点之间的状态（图 9）。

如果要理解当下豫园的这些情况，就要像陈从周先生在《续说园》里大量研究明代假山，例如这两页是关于明代假山的一些陈述："其厚重处，耐人寻味者正在此""布局至简，磴道，平台，主峰，洞壑……"

看了这些文字，再到豫园的现场，会发现陈先生花了很大的精力去体会豫园本身武康（黄石）假山的（堆掇）过程。所以本人的研究里有一个重点是关于陈先生如何复原豫园，为什么他认定豫园是明代的园子，他复原时采取怎样的策略和方法（图 10）。本人的一些研究文章，也是围绕这些问题展开讨论，如：《陈从周先生与豫园修复研究：口述史方法与实践》《梓翁说园：陈从周先生的园林文学》和《陈从周与豫园雅集》等。

四、历时与历史

我每次研究豫园，《玉华堂日记》都是非常重要的原点式或坐标式的参考。

从历时性看，《玉华堂日记》虽然记载了近十六年豫园的兴造史，但由于潘允端突然因为"官布案"发，生急病去世。所以基于我的研究，豫园在晚明时期并未完全建成。另外，从（《玉华堂日记》反映的）一些线索来看，潘允端写的《豫园记》是与王穉登讨论过，甚至有可能是经王穉登修改，再由潘允端署名。

所以这些线索可能会反映出豫园兴造的历时性，本人正在写关于这些内容的文章。豫园在后期发生了很大的变化，例如在《同治上海县志》里可见湖心亭、大假山（此时还存有），但玉玲珑已经在图像中消失了，玉玲珑不再是豫园主要的园林意象。再到之后，吴有如的《申江胜景图》里可以看到湖

图 8　豫园大假山（段建强 摄）

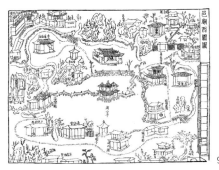

图 9　（清）乾隆《邑庙西园图》

心亭逐渐成为豫园的代表性场景，玉玲珑在湖心亭的右侧中部的位置。

玉华堂是因玉玲珑命名的，潘允端的日记是因在玉华堂里写成的，故曰《玉华堂日记》，这可见历史上的延续性线索。当然从城市的角度来看，从《玉华堂日记》出发，上海豫园在城市空间的变迁上，有很多丰富的历史层系。例如在抗战期间，豫园的对面曾作为城市的书肆，曾经还有人摆出"读书救国"的广告牌子。

本人的研究是从《玉华堂日记》开始，逐渐转向陈从周先生，转向园林变迁和园林复原的历史研究，研究成果如《陈从周"造园有法无式"论浅析》《内外之间：上海豫园湖心亭变迁研究》和《质感存真：陈从周园林修复理念与城市建成遗产保护》。

进行这样的回顾，正如姚光在 1940 年的《玉华堂日记跋》里提到的，是一个历时性的问题，研究中也体现了这种关系。《玉华堂日记》虽非常著名、广为人知，但真正读过的人非常少。

在晚明（与造园密切相关）的三大存世日记里，潘允端的《玉华堂日记》、李日华的《味水轩日记》和祁彪佳的《祁忠敏公日记》三种重要的日记中，现在只有《玉华堂日记》还没被整理出版。因为它被虫蛀，有相当程度的破损，其修复尚未完成。

从目前的研究来看，在中华人民共和国成立后读过《玉华堂日记》的，大概有五六人，分别为张安奇先生、杨嘉祐先生、顾景炎先生以及上海博物馆敏求图书馆的柳向春博士，还有本人。

最后，本人在对《玉华堂日记》近十年的研究里，有几点思考与大家分享。

1. 孤例与旁证：文化传统的接续必须要指向当代问题。无论是研究园林的演变还是园林的原状等内容，都要面临当代的问题：传统园林在当代如何存续，包括园林文化的存续？

2. 人物与残山：造园之当代范式与承继谱系亟待研究。像陈从周先生复原上海豫园、刘敦桢先生复原南京瞻园等非常重要的案例，我们要从当代的角度来认知前辈们是如何理解园林、

如何修缮园林的？这可能是更需要解决的理论性问题。

3. 造园与范式：史料体现的史实必须与现实互相印证。《玉华堂日记》所体现的玉玲珑的安置、武康黄石大假山的修造等活动，我们一定要到现场去进行反复的验证，因为它们在历史变迁中反复修改。在这个修改过程中，要有专业的理论研究，如顾凯老师做的假山研究，王劲韬老师做的相关研究，以及曹汛先生始终是我个人研究非常重要的前辈和参照系。同时，要理清楚现实的事物和史料之间的关系。

4. 历时与历史：园林研究中的史料挖掘仍有巨大空间。接下来介绍本人从史料出发的部分研究成果，例如由王致诚的信件引出的译著《帝都来信——北京皇家园林概览》以及专著《从谐奇趣到明轩：十七至二十世纪中西文化交流拾遗》等。今年本人会有两本书出版：《豫园文献史料集刊》将由中国建筑工业出版社出版、《豫园历史研究》将由同济大学出版社出版。后者是将本人博士学位论文经过近十年的修订而完成的专著。（图 11）

图 10　豫园东部全景（段建强 摄）
图 11　段建强著《豫园历史研究》

11

10

望行游居：明代周廷策与止园飞云峰

| 刘珊珊（同济大学建筑与城市规划学院副研究员）

曹汛先生将中国叠山艺术的发展过程概括为三个阶段：第一阶段为自然主义，面面俱到地模拟真山；第二个阶段为浪漫主义，用"小中见大"的手法来象征真山；第三阶段为现实主义，艺术地再现真山局部。

今天顾凯老师讲到的张南垣，他的叠山风格是第三阶段——现实主义的代表。曹汛先生曾将张南垣比作古代伟大的现实主义诗人杜甫，而与杜甫相对的还有一位浪漫主义诗人李白。我这里要讲的止园飞云峰，是中国叠山艺术第二阶段——浪漫主义的代表。设计者周廷策和他的父亲周秉忠，都是张南垣发起叠山艺术变革之前第二阶段艺术家的代表人物。周廷策叠筑的止园飞云峰采用象征的手法，写仿杭州飞来峰。

刚刚顾凯老师讲到的寄畅园，以及段建强老师讲到的豫园，都属于幸存的园林，它们后来在历史进程中不断地变化。我们目前对中国园林的认识，主要是从这些现存园林中得到的。

但我今天讲的止园，情况有所不同——止园实体已经消失，今天对止园的了解，是通过一套园林绘画获得的。明代画家张宏为止园画了一套 20 幅的图册，用非常特殊的表现手法和写实的方式记录了它。

图册第一幅是一张鸟瞰图，从中可以看到止园的布局和周围环境，接下来的 19 幅图，每一幅都详细描绘了园林的某一个局部。画家非常注意各幅图像之间的衔接，使它们能够与鸟瞰图中的位置相对应。按照高居翰的说法，张宏很有现代感，就像今天带着相机到园林里拍照一样，他用 20 幅图画将园林原汁原味地再现出来。

我们可以通过下面几幅画来认识这套图册的特点。

在第一幅画里，我们从城关的门洞穿过，来到园林的正门，门内有座房屋供客人休息，待童子通报主人。如果主人同意了，就可以进入园林游览，看到第二幅图里的景致。第二幅图的主景是座竹林书屋，画面采用了对角线式构图。将主景放置在画面中间位置，这是园林画的常见构图。但画面上也有一些特别之处，例如左下角的这些植物。熟悉中国绘画的人会感觉到这部分有些冗余，令构图不够简洁。那画家为什么要在这里画这些植物呢（图 1）？

把这两幅图放在一起看，会发现第二幅前景的植物实际是第一幅这组树木的树梢。通过树梢的提示，前后两幅图就被联系起来。整套图册都采用了这种关联方式，从而在各幅册页之间建立起密切的相互关系，构成有机的整体。因此依据这套图册，再结合其他材料，我们完成了止园的平面复原和模型制作，借以了解明代江南园林鼎盛时期的风貌（图 2）。

止园营造的点睛之笔，同时也是这套图册的重点描绘对象，是今天要介绍的飞云峰假山。20 幅图里，飞云峰一共出现了 4 次，说明它对于画家来说非常重要。第一次出现是在全景图里，展示了它在全园中的位置。我们可以在平面图上标识出它所在的区域——处于整座园林的核心。

随后的几幅图，张宏从多个角度描绘这座假山。首先是从远处眺望，飞云峰作为怀归别墅的背景，展露出轮廓；接下来

图 1　张宏《止园图》（其二，洛杉矶郡立美术馆藏）

是从怀归别墅上方，俯瞰飞云峰的南侧；最后来到飞云峰北边的水周堂，在堂前平台上隔水回望飞云峰的北侧。张宏用4幅图，从不同的尺度、距离和角度，展示了飞云峰的位置、形态和姿态，带领观者从远到近，一步步走近这座假山（图3）。

与丰富的绘画图像相呼应，园主吴亮在《止园记》有大段描写飞云峰的文字和四首诗，这些诗文提供了宝贵的文字史料。将文字和图像相互印证，再结合园林设计的原则和经验，可以绘制出更详细的飞云峰复原平面图（图4）。

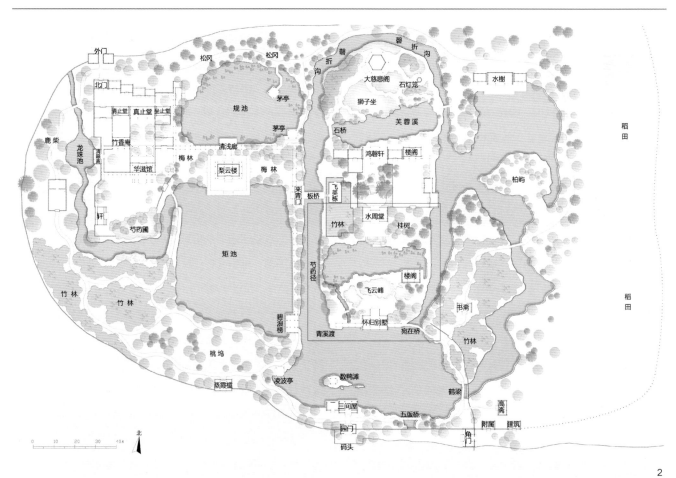

图2　止园平面复原示意图，红框内为飞云峰及其周围环境（黄晓、王笑竹、戈祎迎 绘）
图3　张宏《止园图》（其四，洛杉矶郡立美术馆和柏林东方美术馆藏）

接下来我们先随画家的笔墨和园主的诗文漫游一番。

从怀归别墅向北游览飞云峰，先经过一道石门，穿过两边鲜花夹道的芍药径，再经过水边的伏石，绕到飞云峰北面。从北面的石梁下可以登山，转过一段像螺旋楼梯的山路，来到石梁上方，西面是一处开敞的山间平台。图中可以看到山间有桌凳，可供休息。平台中间是两座高峰，上部也有石梁相连。向南绕过两座高峰，又穿过一道石门，南侧也有一处台地，栽种了一棵松树，可以"抚孤松而盘桓"。继续向前，道路渐渐收窄，东侧还有一座小峰，与两座高耸的主峰呼应。在这里可以进入楼阁的二层，也可以从另一处台阶下到水边，又是另一番境界。

前面主要通过园林画了解飞云峰，同时这座假山也体现了顾凯老师强调的——"明代园林营造的画意"。郭熙《林泉高致》里有一段名言："世之笃论，谓山水有可行者，有可望者，有可游者，有可居者。画凡至此，皆入妙品。"下面我们就从可望、可行、可游、可居四个角度，分析飞云峰的造园意匠。

就"可望"而言，三幅飞云峰的绘画展示了凝望假山的不同视角。郭熙提到："真山水之川谷，远望之以其势，近看之以取其质。"第一幅是从远处眺望，飞云峰作为入园后第一处重要景观，可以从远处欣赏巧石峻嶒、势欲飞舞的姿态；第二幅是走近飞云峰，在怀归别墅后面欣赏山峰的高耸，"近看之以取其质"，欣赏湖石的质地和肌理；第三幅是绕过北边，从水周堂的对岸隔水看山。隔池对山是非常理想的观赏角度，

并且是中国山水画的经典构图。高居翰称之为"隔江山色"，隔水对望，山高水远，同时还可以欣赏水中的假山倒影。

就"可行"而言，飞云峰的营造有张有弛，远望时会勾起游人登临的兴致，而一旦走到跟前却发现全是悬崖峭壁，只能仰望，不能登临。游人要穿过石门，绕到山后才会发现别有蹊径，由此登山，畅游无阻。通过先抑后扬，勾起人们的游兴。

就"可游"而言，此前我们已随图画在山间畅游了一番，看到各种变化的景致，可以称之为"身游"。同时山间还有可供"神游"的地方，比如山上种植的孤松，致敬了陶渊明的"抚孤松而盘桓"，是一种精神性的隐喻。湖石假山土壤很少，很难种植植物，但设计者一定要种植一棵松树，就是为了与古人进行精神交往，神游其间。今天苏州环秀山庄的湖石大假山上，也有这样一棵坚韧生长的松树，正是出于同样的目的（图5）。

最后来看郭熙认为的山水最可贵之处——"可居"。在飞云峰里包括两种情况：一种是在山的南侧，山下有空间和洞穴，可供"洞居"（图6）；另一种在假山北侧，有一座两层楼阁，无需借助楼梯，通过湖石就能登上楼阁，可供"楼居"。古人经常把湖石看作仙人脚下的祥云，那么楼阁自然就是仙人的仙居了。

分析过飞云峰假山，最后来讨论叠山家周廷策。

吴亮《止园记》称："凡此皆吴门周伯上所构。一丘一壑，

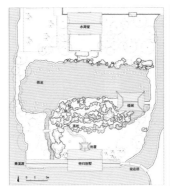

图4　飞云峰平面复原示意图
（戈祎迎、朱云笛、黄晓 绘）

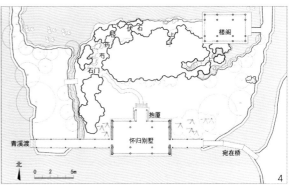

自谓过之。微斯人，谁与矣。"周伯上即苏州的周廷策。中国古代园记里很少提到造园叠山家，但吴亮却专门提到周廷策，并套用范仲淹《岳阳楼记》的"微斯人，谁与矣"称赞他，可见对周廷策的评价之高。

周廷策和他的父亲周秉忠是当时苏州最著名的造园家。曹汛先生提到："周秉忠是画家、雕塑家和工艺美术家，兼能造园叠山，而成就非凡。"周秉忠非常了不起，有点像文艺复兴时期的达·芬奇，是一个艺术全才。他精于修复古董，能够烧制陶瓷，还特别擅长雕塑，甚至曾经"假造"古董，并因此受到官府的通缉。从各种留存的史料来看，周秉忠的形象非常饱满，像文艺复兴时期的大师一样，令人神往。他建造的园林和假山，今天知道的有留园的前身——徐泰时的东园，以及洽隐园的一座水假山，都在苏州。

周廷策继承了父亲的各项技艺。徐泰时的夫人曾聘请他

雕塑地藏王菩萨像；他擅长书画，曾与文徵明的外孙共同创作《唐文皇十八学士图》。最重要的，当然是造园叠山，刚才分析的止园飞云峰就出自周廷策之手。止园建成后，吴亮非常满意，写诗把周廷策推荐给自己的弟弟，让他也聘请周廷策造园。当时吴家很多园林都是周廷策设计的。

我们目前正在进行一项人物关系的研究，将周氏父子和当时江南文人间的交往考证出来，建构起一个关系网络。造园家不仅为文人创作园林，还会制作雕塑，或一起创作书画、唱和诗文。他们之间已经不仅仅限于业主或是赞助人和艺术家的关系，而是互相引为知音。就像吴亮称赞周廷策"微斯人，谁与矣"，他已经把周廷策当作好朋友了。

通过将园林和造园家相结合，我们能够回到中国古代园林创作的情境里，对园林的发展和动态演变形成更深入的理解。

图 5　北宋《陶渊明归隐图》（美国弗利尔博物馆藏）和环秀山庄假山上的孤松（自摄）

图 6　飞云峰南侧的洞穴和周秉忠设计的苏州洽隐园小林屋水假山

清漪园赅春园写仿金陵永济寺史实考

张龙（天津大学建筑学院教授）

金陵永济寺是个寺庙，或者说是寺庙园林。清漪园赅春园是乾隆皇帝在万寿山后山营造的一处园中园。回顾整个写仿过程，可以发现乾隆皇帝就是一个造园家。

一、赅春园概况：区位、历史和空间格局

赅春园位于颐和园的后山（图1），现仅存遗址。

图2是清漪园还没建成前的地形地貌，可见当时山、水是分离的，后面有一条天然河道，即后溪河的前身。清漪园在乾隆十五年（1785年）经过乾隆皇帝的一系列整治，先是拓湖、清淤，后调整瓮山（万寿山前身）的山形，调整后山的水系，最后形成了今天所看到的格局。

乾隆十六年（1786年），乾隆皇帝第一次南巡。他到了金陵永济寺，并以永济寺为蓝本创作了赅春园。图3是赅春园被英法联军焚毁后，光绪皇帝计划重修时所做的遗址勘察图，它清晰反映了赅春园的格局。

如今的赅春园，进入第一进院落，有一个抄手踏跺的假山。循此可至二层的台地。再往上是最后一层台地，也是乾隆皇帝创作的核心之处，依托原有自然山石的崖壁，设计了清可轩。再往西南走，是一个进深特别小的，也是以天然崖壁为核心的留云室。如今现场有很多题刻的遗存，还有构图以释迦牟尼为核心、十八罗汉环绕的源自藏传佛教体系的摩崖石刻。

图4是前几年我们根据遗址勘察和档案资料所做的赅春

赅春园建筑群位置示意图　　　　颐和园区位示意图

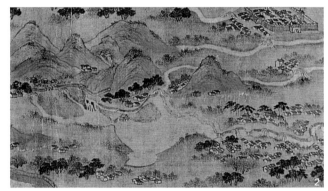

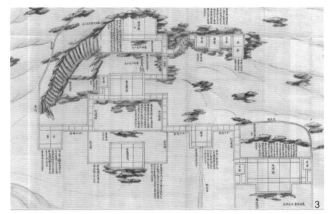

图1　赅春园区位示意图
图2　京杭道里图中的瓮山西湖
图3　光绪十三年（1887年）清漪园赅春园遗址勘察地盘图
图4　赅春园复原效果示意图

园复原意向图。这是非常典型的既有轴线关系，布局又相对自由灵活的山地文人园。

二、乾隆皇帝与赅春园：来园次数与方式、来园活动和创作意向表述

乾隆皇帝留下的关于赅春园的诗文比较多，他通过诗文来反复阐述他的创作意向。通过御制诗的统计，发现乾隆皇帝来过赅春园 58 次，留下诗文 98 首。他说只要是来后山，就要到赅春园。

通过御制诗文，可知乾隆皇帝来赅春园的方式，基本上有三条路线：一是从前山漫步至后山；二是肩舆至后山；三是泛舟至后山，其中第三种是他最喜欢的方式。他来园的活动通过他的御制诗和室内陈设来体现，主要是文人活动和参禅活动，这凸显了这个文人园的宗教主题。

赅春园具体的创作意向有两点。第一点是金焦意向，像北海琼岛北坡用建筑把整个山围绕起来，即是写仿金山的意向——屋包山。焦山从远处看其实是看不到建筑的，所有的建筑都被包在了山里，这是焦山意向——山包物。乾隆皇帝以此为原型在北京和承德做了很多类似的创作。他认为他的清可轩是金焦兼具的，整体是山包屋，局部又把崖壁给盖到了房子里边，是屋包山。第二点是写仿金陵永济寺的悬阁，乾隆皇帝每次去永济寺都留下诗文，诗文里有大量描写悬阁的意向。

三、金陵永济寺：区位与历史、相关图像、空间格局、乾隆与永济寺

我自读研以来，一直在关注永济寺。在 2013 年国庆节之前，都没找到金陵永济寺的遗存位置。2013 年国庆节去了南京，路过燕子矶，突然想去看看能不能找到其遗存位置。后来有所发现，把我的研究往前推了一步。

在此基础上，我开始寻找相关文献材料来研究金陵永济寺的变革。永济寺始建于明初，在燕子矶的西侧，如今能看到的是 20 世纪 80 年代复建的观音阁。永济寺曾用名弘济寺，清乾隆皇帝继位后改为现名。在现场可以看到类似清可轩的崖壁，但因为它在长江边，显得比较宏伟。

此处还有悬阁的遗迹，清康熙皇帝《南巡盛典图》上的悬阁在乾隆的诗文里就有所描述。悬阁不仅采取了吊脚楼的形式，它的屋顶还通过铁链拉着，实际上是个悬索结构的房子，非常惊险。

后来找到了永济寺从明初到清初的一系列图像材料。对这些图像材料的典型特征进行研究后，会发现古代志书里的线刻图，在当下看来可能画得特别写意，但实际上中国古代的文字与绘画是相通的，其文字描述能准确捕捉到建筑群的典型景观特征。

当然画家在绘画时，也会把景观特征在画中非常清晰地呈现出来（图 5）。把画局部放大来看，悬阁的意向就表现出来了。它的整个格局先是一个沿江的轴线，接着有一个转折。空间关系也表达出来了，山门、钟鼓楼、天王殿都有。背后

图 5 《金陵梵刹志》中的弘济寺

5

有一些山上的摩崖石刻，包括后边的地藏石洞。这些内容都在图上清晰地表达了出来。

图6是金陵四十景中的弘济寺。这张画画得更粗糙了，但从主要特征来看，会发现悬阁非常清晰，临江而立。山上一些摩崖石刻，还有一些小方块，都非常重要，表达永济寺的文人题刻非常有名。这张画把弘济寺重要的景观主题都呈现了出来，乾隆皇帝后来在赅春园对这些主题都做了写仿。

图7是清康熙皇帝的《康熙南巡图》。由此可见悬阁还在，但因为长江北移使得悬阁离江水很远。实际上这个轴线画错了，没有表达出沿江水平的轴线。这张画乍一看很好看，但空间格局的关系画得不对，其他重要景观要素也未能呈现。

局部放大清乾隆皇帝的《南巡盛典图》。可见悬阁的意向表达出来了，沿江的水平、垂直关系也表达出来了。但这和明代金陵四十景或方志里永济寺的绘画来比较的话，实际上丢失了一些重要的现在称为文化景观的要素，如摩崖石刻、文人题刻。

根据现场勘察和图像材料，我们大致复原了金陵永济寺的平面格局（图8），就是上述提到的水平、垂直的轴线转换。

乾隆皇帝六次南巡，都来过永济寺，而且还刻有御碑。乾隆二十七年（1762年），他提到"飞楼铁索牵"，是特别典型的给他留下深刻印象的场景。

后来西方建筑史家钱伯斯（William Chambers）在描述中国建筑的印象时，用了一个词——"惊悚"。钱伯斯多半是看到类似悬阁，向悬空寺这种依崖而立，甚至用铁索牵着的建筑意向而得来的形容。

四、写仿分析：地理环境、游览路线、空间格局、建筑营造、文化意向

接下来结合赅春园的现场勘察和文献档案，从地理环境、游览路线、空间格局、建筑营造、文化意向这五个方面来对比金陵永济寺，看两者之间的写仿关系。

第一是地理环境。赅春园位于万寿山的山阴，永济寺位于观音山的山阴。可从南京城外廓的观音门穿过一个山坳进入永济寺；赅春园也可从前山经四大部洲，再穿过一个山坳过来。

第二是游览路线。清嘉庆朝有一个叫张仙槎的，他画了一套《泛槎图》。他就是游历大江南北，从水上的视角来看这些名胜。他画了一个叫《燕子风帆》的图（图9），这个图实际上是从江上来看永济寺的。虽然他是嘉庆朝的人，此时悬阁已远离江水，但还是把悬阁的意向表达得很清楚。这和很多文人墨客去游览永济寺的路线、方式是一致的，乾隆皇帝去巡幸江南，游览永济寺也是这种方式。乾隆皇帝游览赅春园也是沿长河到昆明湖，再进入后溪河到绮望轩下船，再上山至赅春园。

第三是空间格局。赅春园是一个具有寺庙意向的文人园，对比永济寺、赅春园的平面图，不难发现二者空间格局的相似性。赅春园宫门、蕴真赏惬及其东西两侧的竹篱、钟亭，与弘济寺的金刚殿（山门）、天王殿和钟鼓楼的布局十分相似，钟亭的题名更是在强化赅春园写仿弘济寺的佛寺意向。赅春

图6 《金陵四十景图像诗咏》中的弘济寺

图7 《康熙南巡图》中的弘济寺

图8 明正统年间弘济寺的建筑格局

园后半部分的清可轩、香岩室、留云阁及留云阁东侧三间房，沿山崖依次排列，就是对祖师殿、大佛殿、地藏石洞、伽兰殿、大雄殿、观音阁缘崖面江依次展开格局的写仿。

第四是建筑营造。其中最主要的一个是悬阁，一个是依崖而建。在现场可以看到的留云阁，是贻春园最西边的写仿悬阁意向的建筑。上图有留云阁的柱础遗存（图10）。同时可以看到现场用吊脚柱的柱坑，包括从岩石上向外悬挑挑梁的那些石槽都还在。

但我们在复原贻春园时遇到一个难题，即这个房子的体量已经很小，从实际测量的距离来看，其悬阁意向和所看到的很多图里的写仿对象是无法相比的。我们质疑这个房子的体量是不是可以更小，但因为在后边的崖墙上能看到柱洞的位置，所以这个高度是确定的。这一点是我们在做完复原设计后的存疑，其悬阁意向并没有写仿对象震撼。

另外，依崖而建的房子利用原有的岩石，做了地藏石洞作为禅修的空间。在现场可以看到的香岩室里面的陈设不复存在，但这地方有个天然的石头。据陈设册的记载，这里放了一座观音像。前面利用人工置石，做了一个类似屏风、上面一个类似小天窗的空间，光线可以直接照到佛像的脸上。这个山洞的设计，写仿永济寺的地藏石洞。

图11是我2013年到燕子矶时看到的崖壁，实际上这个地方不是永济寺的现存部分，但它应该是和永济寺同属一个区域，大概距离永济寺遗址200m。此处可以看到有一个题刻，

在贻春园的崖壁上也有很多题刻。

第五是文化意向。除摩崖石刻外，文人题刻在清初文人的诗词里也有记载。例如王士祯提到观苏轼"长江巨石"四大字，高凤翰所绘的《天池山风景画册》里有一个题刻叫《悬崖撒手》（图12），上述提到的永济寺旁崖壁上的题刻也叫《悬崖撒手》。这不是巧合，因为高凤翰绘的天池山风景画册，虽然画的是天池山，但两边的注写得很清楚，它是弘济寺石岩的一段，是在清雍正朝画的。这件事情说明了无论是"长江巨石"还是"悬崖撒手"，永济寺的文人题刻在当时的文人圈里享有盛名。后来的清可轩崖壁除了乾隆皇帝自己题写的诗文外，还有方外游、诗态等题刻。

五、结语

草创于洪武，发展于正统，鼎盛于康乾的弘济寺，因其因山滨江的地理位置，缘崖而建的佛殿，三面瞰江的悬阁，文化意蕴深厚的题刻而享有盛名，并深为乾隆皇帝所青睐。乾隆皇帝首次南巡回銮后，即选择了环境与其相似的清漪园万寿山后山西麓，从地理环境、游览路线、空间格局、建筑营造、文化意向等方面，抓住永济寺山水相依、空间布局对称与自由布局相结合、建筑缘崖而建、悬阁三面凌空、题刻造像烘托空间氛围的特征，对永济寺进行全面写仿。而这种写仿并非机械地抄袭，而是肖其意，就其自然之势，用北方成熟的建造技术体系，进行新的园林创作。

图9　清嘉庆朝《泛槎图》之《燕子风帆》中的永济寺

图10　留云阁西两间水柱柱坑

图11　清高凤翰绘题有"悬崖撒手"的天池山风景画

图12　永济寺悬崖撒手摩崖题刻遗存

乾隆皇帝与避暑山庄的营造——以山近轩为例（上）

吴晓敏（中央美术学院建筑学院教授）

各位专家、各位老师、各位同学们下午好。我是中央美院建筑学院的吴晓敏，我和范尔蒴老师今天给大家讲的题目是《乾隆皇帝与避暑山庄的营造——以山近轩为例》。这个题目是我们中央美院《避暑山庄清代盛期数字化复原研究》课题组已经完成的 9 个课题之一。目前在研的还有另外 11 个课题，预计三年内能够完成 20 组。今天我先来介绍一下我们课题组在山近轩（图 1）所做的相关研究。

一、乾隆皇帝的造园家养成之路

"云园史论雅集"在筹备的时候就通知我们，说主题要讲造园家和园林。众所周知，清代乾隆盛期时大量皇家园林的"主人"——也就是造园家，可以说就是乾隆皇帝本人，所以我们首先来看一下乾隆皇帝的造园家养成之路。乾隆皇帝出生于康熙五十年八月十三日（1711 年 9 月 25 日，天秤座），天秤座爱美、爱艺术这些性格特点对乾隆即位后的一系列造园活动，我相信会有很多的影响。1735 年，24 岁的弘历接过皇位，在祖父和父亲奠定的盛世基业上，把中国两千多年来的封建社会推上了最后的顶峰。我们现在从西方的文献记载可以查到，乾隆十五年（1785 年），中国的 GDP 占全世界的 32%，几乎是 1/3。即便到了道光十年（1830 年），也就是鸦片战争发生之前的 10 年，中国当时已从康乾盛世的巅峰衰落，但 GDP 仍占全世界的 29%。

如若列举在乾隆的帝王人格塑造的过程中，有哪些因素对他有着最为深刻的影响，首先应该是他的慈祖和严父。康熙六十一年（1722 年），12 岁的弘历在父亲的安排下与皇祖见面，并被康熙带回宫中"养育抚视"。半年时光里，祖孙二人朝夕相处，形影不离。康熙对弘历"恩宠迥异于他人"，尤其关切他的教育，以至"夙兴夜寐，日觐天颜；绨几翻书，或示章句……批阅奏章，屏息待劳；引见官吏，承颜立侧"。乾隆终其一生保持着对他的皇祖——康熙皇帝的崇拜，这种崇拜在他继位之后化作一系列效仿行为，包括巡幸、河工、秋狝、造园等。他的父亲雍正皇帝对青少年弘历的教育也是用心良苦，不但从小为其安排启蒙名师，登基后在繁忙政务之暇也常到上书房考察弘历和弘昼两兄弟学业，并亲笔写下"立身以至诚为本，读书以明理为先"的对联作为两兄弟的座右铭高挂书房中；还常向未来的皇位继承者弘历传授儒、释、道三教义理等，对弘历"内圣外王"帝王人格的塑造影响深远。

另外，非常重要的一点就是乾隆皇帝一生南北巡游，见闻广博。乾隆年间的出巡主要包括八次至泰山、曲阜，六次南巡至苏杭，四次东巡盛京、谒祖陵，六次西巡至五台山，一次至河南洛阳、嵩山；至于热河避暑、木兰秋狝、谒东西陵、巡视京津河工，更是不可胜计。

乾隆皇帝具有极高的文学艺术和宗教修养，这是他营建皇家园林的意识形态及审美基础。他热衷收藏玩赏字画珍玩，下旨编纂的包含全部书画藏品的《石渠宝笈》，包括续编、三编在内，共成书 225 册，收录作品计一万二千余件。他一生进行了大量的诗文创作，所作诗篇共计 43630 首，作文 1000 余篇。

图 1　山近轩平面图

诗文内容涉及政治、军事、经济、文化、社会等各个方面，其中很多记载了皇家园林的营建、立意等，具有极高的史料价值。

还有一点必须要提到，在乾隆身上体现出来对儒释道文化的兼收并蓄和极为浓烈的宗教情结。乾隆皇帝自比文殊菩萨转世，并刻意将自己塑造成政教合一的领袖。中间的这幅图叫《乾隆佛装像》，乾隆皇帝身披袈裟坐在曼荼罗唐卡中心，自比文殊，俨然就是藏传佛教的宗教领袖（图2）。

乾隆在位的近六十年中，自从乾隆二年（1737年）扩建圆明园起始，终其一朝，在乾隆皇帝亲自参与下增建、扩建及新建的园林建筑面积大概有一百多万平方米，园林用地近4000ha，是古代世界的奇迹。营建活动持续数十年，时间长、面积大、项目多，积累了极为丰富的建筑园林类型和大量的实践经验。从规划到创作意向，从配置拳石勺水到室内陈设，乾隆事无巨细，一一过问，并常常在诗文中加以记述。其中避暑山庄总占地面积554.4ha，大约是圆明园的1.6倍，颐和园的2倍，是现存规模最为宏大的中国古典园林，也是18世纪世界古典园林的传世绝响。"避暑山庄及周围寺庙"被评为世界人类文化遗产。

乾隆皇帝的造园思想中，最为重要的就是移植与写仿（图3、图4），刚才张龙教授也谈到了。乾隆有一句诗叫作"何分西土东天，倩他装点名园"。他一生极其爱好欣赏自然风光，留恋山水胜景，在他的出行过程中，每携工匠和画师描绘名园并"携图以归"，为皇家园林的营造提供参考。他在多次南巡、

东巡、西巡的过程中，撷取了各地名园和宗教名胜作为写仿原型，在他的帝王苑囿里进行再创作。比如他撷取嘉兴的烟雨楼，修建了避暑山庄的烟雨楼；撷取苏州的狮子林，修建了避暑山庄的文园狮子林；效仿苏州的寒山千尺雪，修建了西苑的千尺雪，这类例子之多，简直不胜枚举。

前面提到的"西土东天"这一点，还包含对宗教建筑原型的撷取。乾隆在北京城内、三山五园、南苑、避暑山庄都修建了大量的宗教建筑，很多是写仿自蒙藏地区的藏传佛教建筑原型（图5～图7）。其中最著名的是写仿拉萨布达拉宫修建的承德普陀宗承之庙和写仿日喀则扎什伦布寺修建的承德须弥福寿之庙。乾隆还通过在宗教建筑中对佛教宇宙模型曼荼罗构图的写仿，实现他对帝王功德圆满的不懈追求。他极其重视曼荼罗这种宗教图式在宗教建筑中的运用，比如清漪园须弥灵境和承德普宁寺都是写仿曼荼罗构图的西藏扎囊桑耶寺。他在北京、承德修建了大量曼荼罗构图或有相关意象的寺庙，还把北海琼岛建为一座立体的曼荼罗，甚至把避暑山庄和外八庙规划成为世界上最大的曼荼罗形体。

另外一个特殊的现象，就是在乾隆的营建活动中，他经常把同一主题的园中园或寺庙多次在不同的名园中反复实践，形成了若干姊妹园林和姊妹寺庙，既具有同一构图，但又有区别之处。

乾隆造园思想的第二点，反映了他对园林所处外部环境的高度重视——互妙——"山之妙在拥楼，楼之妙在纳山"

乾隆儒装像

乾隆佛装像

乾隆道士像

嘉兴 烟雨楼

避暑山庄 烟雨楼

图2　儒释道文化的兼收并蓄与浓烈的宗教情结——自比文殊转世，政教合一的宗教领袖形象的塑造
图3　移植与写仿——嘉兴烟雨楼·避暑山庄烟雨楼

（图8）。我们能够从山近轩古松书屋的营造中看出乾隆的这一番悉心经营：因为基地上的这株古松，方有了古松书屋；而在古松书屋中观古松读古书，更别有一番画境诗情。

第三点，高下——"因山构屋者，其趣恒佳"，反映了乾隆深谙山地园林的空间意趣，并长于塑造丰富的高差，以创造参差错落的空间视觉效果（图9）。左图秀起堂，是西峪最大的山地园林，建筑群巧妙利用自然地形，山涧东西贯穿，依地势修建层层台地，建筑建置于台地之上，层叠错落，东南有半封闭式游廊围绕。右图的山近轩，基地是一片东西长70m，坡地上下高差25m，建筑群在布局上顺应地势，整合为四层台地，充分体现了乾隆因山构屋、高下致情的追求。

第四点，归隐与勤政。乾隆皇帝在他的园林经营中处处反映出他在追求归隐的山林之志与自勉勤政的帝王人格之间的卷放自如，表达了作为皇帝、文人和造园家多重身份的志趣（图10）。

第五点，乾隆常在园林寺庙的经营中隐含政治寓意。如在普乐寺的设计中，使普乐寺中轴线与远方的磬锤峰遥遥相对，突出其"大乐修行"道场的内涵，并蕴含着帝王与民同乐的思想（图11）。

第六点，将园林的规划作为圣王理想的一种物化——帝国缩影，万世缔构。

乾隆在皇家园林——避暑山庄中经营诸多寺庙，是从宗教信仰的角度，彰明避暑山庄寓神、佛、帝于一统的性质。

苏州寒山千尺雪　　北京西苑千尺雪

西藏拉萨布达拉宫　　承德普陀宗承之庙

承德普宁寺

清漪园须弥灵境

西藏扎囊桑耶寺

图4　移植与写仿——苏州寒山千尺雪·北京西苑千尺雪
图5　移植与写仿——西藏拉萨布达拉宫·承德普陀宗承之庙
图6　移植与写仿——西藏扎囊桑耶寺·承德普宁寺·清漪园须弥灵境
图7　移植与写仿——圆明园汇芳书院·避暑山庄清舒山馆

圆明园汇芳书院　　避暑山庄清舒山馆

外八庙拱列于山庄东北山麓，联合山庄南面的火神庙、雷神庙等各路中国传统汉地神庙，共同朝揖着避暑山庄这个居住着被藏蒙僧众尊奉为无量寿佛和文殊菩萨的康乾二帝的圣地，在"万法归一"宗教理想的表象之下，更深涵着"宇内一统"的政治寓意，象征着帝王功德圆满、法天而治，使避暑山庄和外八庙组成为气势磅礴的巨大曼荼罗构图，成为寄托着乾隆王朝统一大帝国理想的"万世之缔构"（图12）。

二、乾隆皇帝在避暑山庄的营造活动

避暑山庄兼具南北造园特色，堪称是中国自然山水园林的杰出代表，也是世界现存最大的皇家园林。它不同于圆明园这些平地起园的皇家园林，而是自然山水和人工雕琢巧妙结合的佳作。避暑山庄分为山区、宫殿区、湖区和一片平原区（图13）。

避暑山庄系由康熙皇帝选址，这一区域生态环境优越，曾经生活着很多虎熊豹等大型食肉动物。避暑山庄在康熙时期有四字题名的"康熙三十六景"，后来至乾隆时期又有三字题名的"乾隆三十六景"，二者并称为"避暑山庄康乾七十二景"。但它的各类景观实际上远不止于72处，鼎盛时期曾多达120余处。

康熙时期对避暑山庄的规划定位，主要是注重自然与野趣，讲究朴素与节俭，采用绿色生态的建筑营造理念，尽量使用本土材料；撷取各地景点进行写仿与再创作，形成集锦式园林的创作理念。这种创作理念自那时始已有实践，如避暑山庄金山出自对镇江金山寺的写仿（图14）；此外，避暑山庄

草房虽不古，而松与古之。
——《古松书屋 己亥》

8

山近轩

西峪的秀起堂（1762年）

9

宁静斋　　　　　颐志堂　　　　　勤政殿

10

11

图 8　互妙——山之妙在拥楼，楼之妙在纳山
图 9　高下——室无高下不致情
图 10　归隐与勤政——山林之志与帝王志趣之卷放自如
图 11　政治隐喻——普乐寺与磬锤峰轴线相对

在每个区域都设置有标志性建筑，还利用借景与障景将园外的景物引入园内，如避暑山庄对磬锤峰的借景。

乾隆时期，弘历对避暑山庄的规划进行了调整（图15），出现了以下几种倾向：其一，由朴渐奢；其二，由简渐繁；其三，由僵渐活。

对比这幅我们课题组制作的康熙时期梨花伴月建筑群立面复原图（图16），可以看到梨花伴月是完全中轴对称的，是一个非常规矩的建筑群。乾隆二十七年（1762年）修建的秀起堂，同为山地建筑，同样采用多级台地，轴线隐约还在，但对称的布局已基本无存。乾隆四十一年（1776年）修建的山近轩，已没有中轴线，更加活泼、自然。

乾隆时期避暑山庄营造活动的第四个特点是在园林中增建大量大型寺庙。第五个特点是扩展了山区的建设。乾隆十九年（1754年）以后开始在山区大量营建，因为那时候湖区平原区以及宫殿区都已修满了。

三、乾隆皇帝的营造实践——以山近轩为例

山近轩的建造时间在乾隆四十一年至四十四年（1776年～1779年），当时小规模的园中园一般一年就修建完成，但是山进轩为什么修了4年？原因可能是在乾隆四十二年间（1777年），乾隆的母亲去世，工期暂停了一段时间，之后皇帝有两年没有到承德，所以工程没有验收。山近轩建成之后，乾隆从四十四年（1779年）开始，几乎每年驻跸山庄的时

候都到山近轩去游赏，非常喜爱这处精致的山地园林。但之后随着清末财力不济，维修渐少，直至停止，最后彻底沉寂（图17）。20世纪30年代军阀混战时期，山近轩遭到严重破坏，从关野贞这张照片上能看到当时主体结构已经坍塌了。

我们再来看乾隆在山近轩的日常，主要是赏景题诗、读书赏画和传膳用膳。

关于乾隆去山近轩游赏的路线图，既可以从峡谷里通过上山的道路进去，也可以从边缘经过各个景点绕行到山近轩。另

左，【清】佚名《万法归一图》

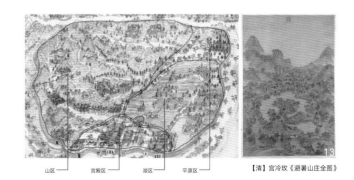

山区　宫殿区　湖区　平原区　　　　【清】宫冷玫《避暑山庄全图》

镇江　金山寺　　　　　承德避暑山庄　金山

图12　圣王理想的物化
图13　避暑山庄的地貌区
图14　模仿与再创作

外山近轩在规划上和与它位置接近的广元宫形成了轴线的垂直和建筑形象的对比。我们从当时的缂丝画屏上可以看出山近轩的全貌（图 18），也能看出它与广元宫的对景关系。

如图 19 所示，这是我们课题组的李蕙同学绘制的山近轩复原设计平面图以及山近轩所处的四层台地上每层的建筑群和台地标高（图 20）。

关于山近轩的主要园林特色如下（图 21）。第一点，它的宫门是座石头殿。我们根据现场遗址的勘察能够判断当时石头殿的大门应该是金柱大门样式，红砂岩为主要材料。如图 22 所示，是我们对门殿进行的复原设计（图 22）。

第二点就是游廊墁地。游廊压面和墁地连做的这种情况，在避暑山庄属于孤例（图 23）。

第三点是因山就势、因地制宜的建筑设计。我们要特别看一下延山楼和月台的设计（图 24 ~图 29）：可以看出来延山楼和月台的结合解决了基地的高差问题，从低的一侧看延山楼是两层，从高的月台那一侧看，延山楼只有一层，这是非常巧妙的构思。

另外，延山楼的作用还有“援景入园：月台南望，无限风光”，把山景从月台上引入山近轩。接下来我展示的是李蕙制作的山近轩各单体建筑复原设计图和复原模型，我们把每一座建筑都进行了详细的遗址勘测、复原、建模和设计。

最后，如图 30 ~图 33 所示，是山近轩组群的西立面图、北立面图和南立面图。

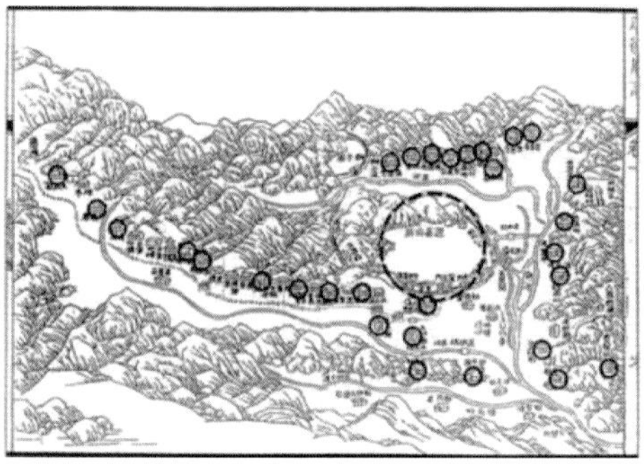

15

避暑山庄及周围寺庙位置分布图，自《承德府志》

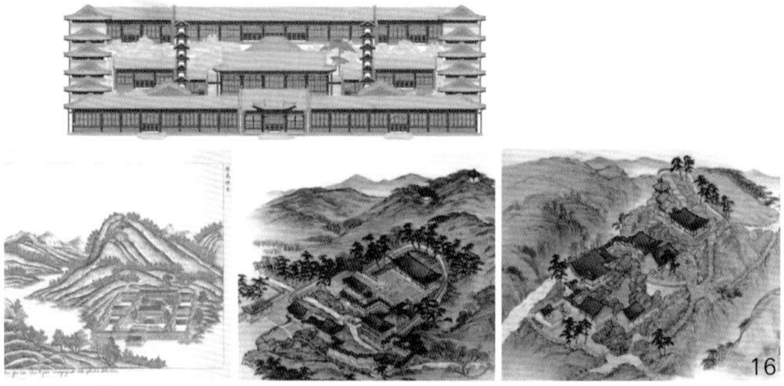

梨花伴月（康熙四十二年，1777 年）　秀起堂（乾隆二十七年，1762 年）　山近轩（康熙四十一年，1776 年）

16

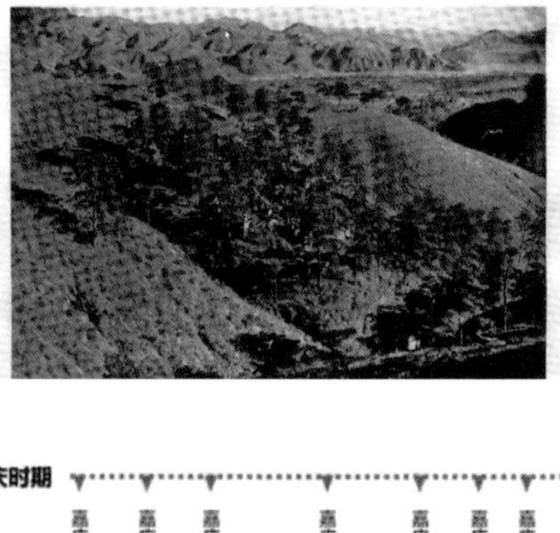

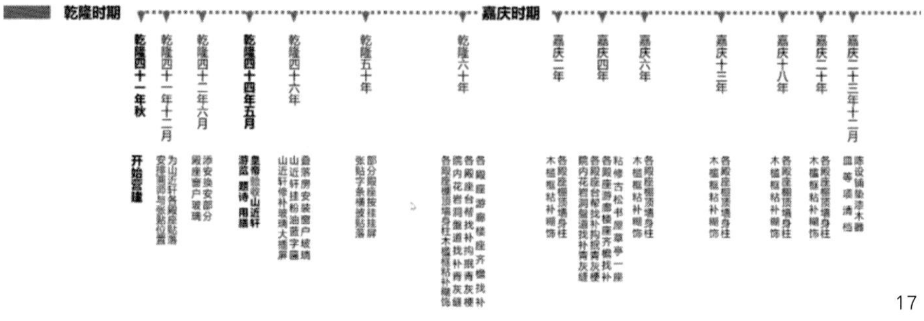

17

图 15　避暑山庄的历史沿革
图 16　乾隆皇帝对避暑山庄规划的调整
图 17　山近轩历史大事记

18

19

四层台地殿座游廊共计约70间

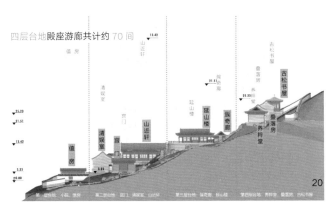

20

21

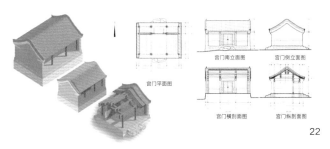

22

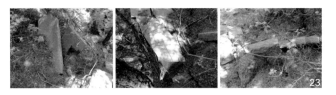

23

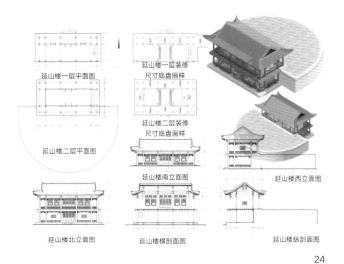

24

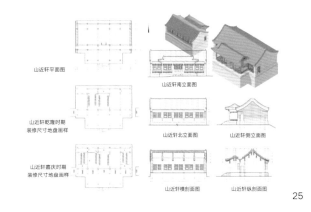

25

图 18　山近轩全貌图
图 19　山近轩的复原设计图
图 20　山近轩剖面图
图 21　山近轩的主要园林特色

图 22　门殿复原设计图
图 23　游廊压面和墁地连做的做法
图 24　延山楼复原设计图 1
图 25　延山楼复原设计图 2

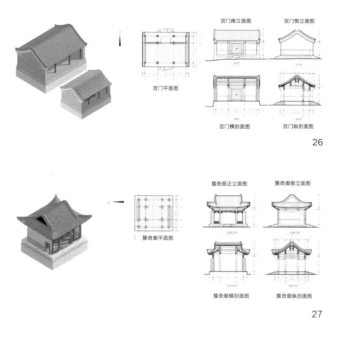

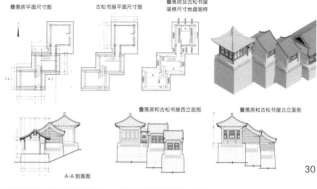

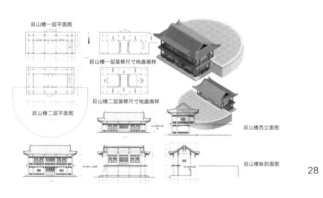

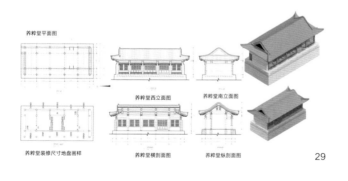

图 26　宫门复原设计图

图 27　簇奇廊复原设计图

图 28　延山楼复原设计图

图 29　养粹堂复原设计图

图 30　山近轩组群复原设计图

图 31　山近轩组群北立面图

图 32　山近轩组群西立面图

图 33　山近轩组群南立面图

乾隆皇帝与避暑山庄的营造——以山近轩为例（下）

范尔蒴（中央美术学院建筑学院副教授）

我给各位老师和同学介绍一下我们课题组所做的山近轩内外檐装修、陈设复原设计以及对园林造景元素的相关研究。

内外檐的装修设计，顾名思义，内檐装修就是建筑室内的装修部分，如各种隔断、罩、天花、藻井等。外檐装修就是室外建筑立面的小木作部分，如走廊的栏杆、檐下的挂落和对外的门窗等。我们复原设计的基础，是依据文献研究、历史照片和实地遗址勘测。比如，文献中说山近轩"清娱室殿三间，窗格二十四扇"，在山墙上没有开窗记录，所以可以据此比较清晰地得出它的大致形制。但是文献中有时也会有一些模棱两可的地方，比方说，它写的是"后檐挂雨搭二架"，这句话提示有两种可能性，于是我们就做出了两种平面方案进行讨论（图1）。

陈设复原所参考的主要文献是清宫的《陈设档》。《陈设档》中记载清娱室的明间和罩内，南面贴有高宗御笔字一张，北面贴有袁瑛画一张。常见的贴落位置是在枋下的实墙上，所以就可以据此复原当时的样貌。

山近轩大殿复原设计的主要参考文献是藏于台北故宫博物院的嘉庆十三年（1808年）的改建档案。大殿有五开间，档案中对各间陈设都有非常详尽的记载。下面的表格中是《陈设档》中关于山近轩大殿内外檐装修的信息。可以看到，相对于私家园林研究，皇家园林研究可能有更多文献方面的优势。因为皇帝的衣食起居都有专人记录，所以宫室园林所使用的陈设物品都有着非常详尽的记录。比如说，《陈设档》中

就写到山近轩的明间罩上面东贴有御笔字横批一张；西稍间东墙贴有一幅画马的画；诸如此类非常详细，有时间、有地点、有物件的描述，这就给我们进行陈设的复原设计提供了直接的依据（图2～图4）。

叠落房和古松书屋位于养粹堂的北侧，是延山石台阶逐阶向上层叠的小型建筑，端部是古松书屋，也就是乾隆皇帝观松读书的地方。上边有两间叠落房，主要是解决向上的交通功能以及作为一些服务人员休息的空间（图5）。

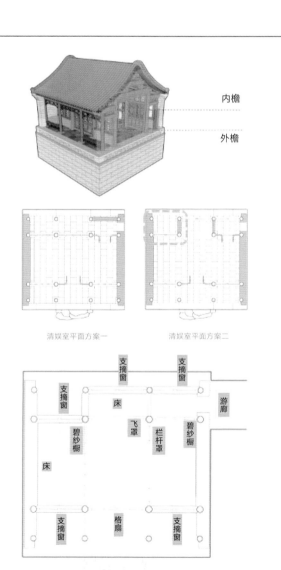

清娱室平面方案一　　　清娱室平面方案二

图1　山近轩的内外檐装修复原设计1
图2　山近轩的内外檐装修复原设计2

2

陈设档中有关山近轩内外檐装修的 关键参考信息	
明间	明间罩上面东贴：御笔字横披一张
	西南宝座床一铺
	窗台设：红雕漆十锦盒四件；洋彩磁双耳瓶一对（花梨木座）
西次间	面东贴：高宗御笔字横披一张
	面东宝座床一铺
	紫檀边嵌金漆字御制南巡记炕屏一座（计十二扇）
	靠背设：紫檀嵌珐琅椅二张
西稍间	后廊面西贴：御笔字一张
	罩上挂：御笔字横披一面
	西墙贴：仁宗御笔字一张；罩内面东贴：仁宗御笔字一张；御笔字一张。
	宝座床一铺（面北）
	窗台上设：玉山子一件
	东南贴：画马一张
	对面南窗：安玻璃四块
	袷纱帘一架
东次间	迎门设：紫檀边座玻璃插屏一件
	后廊对面东贴：御笔字挑山一张；蒋懋得画挑山一张。
	（南）北靠窗左右设：紫檀嵌珐琅椅四张
	门斗面西贴：御笔字横披一张。左贴：贾全画一张。右贴：杨大章画一张。
	门挂：硬板袷绸帘一架
东稍间	门斗上贴：御笔字一张
	面东挂：高宗御笔黑字挂屏一件，左右挂：高宗御笔黑字挂对一副
	面东贴：唐岱画一张
	面西贴：御笔字一张
	面南设：宝座床一铺
	左右墙上贴：御笔字二张；御笔字一张
	罩内面西贴：御笔字一张
	罩内面东贴：方琮画一张
	面西设：宝座床一铺
	南窗：安玻璃二块
前门挂：竹帘一架，毡帘一架	
后檐挂雨卷五架	

3

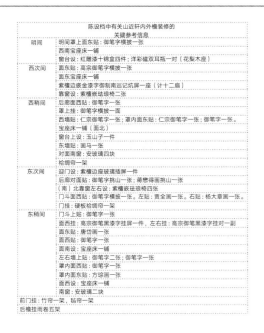

4

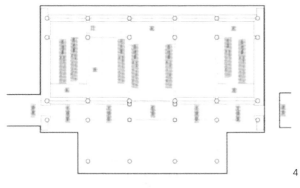

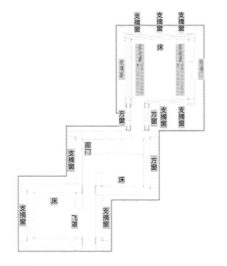

5

乾隆喜欢收藏艺术品和珍宝，避暑山庄当时存放着很多他的藏品。避暑山庄的陈设复原设计（图6）主要有三个版本：嘉庆二十三年（1818年）、光绪二年（1876年）和宣统元年（1909年）。但是基本上都只是把乾隆时期的陈设品和陈设方式做了记录和补充，而没有多少更新。

当时避暑山庄的陈设设计主要有两类特点：一种是固定搭配。皇室陈设有一定规制，所以有相当多固定的套路。大家看一下宝座床，是在炕上设置坐褥、靠背和迎手，坐褥上一般要放如意、股扇、容镜，坐褥下边还要放匕首防身，床下有痰盂，宝座床两边各有炕几，可以放一些文房之类好玩的东西。屏风宝座是要有屏风、宫扇、甪端、香桶，也是有固定的组合（图7）。

另外一种是互文式的陈设组合（图8），互文式组合是指在同一空间中相对应的两组陈设内容样式和作者有一定的联系和呼应，融为一体。其实跟现代建筑和室内陈设的某些做法相似。室内陈设更能反映出使用者——主人的文化修养和艺术喜好。所以说，既然皇家园林使用者是皇室，特别是乾隆皇帝，那么一些特殊的陈设样式或者是书法、绘画、工艺品陈设的选择，都依据他的喜好来进行设计（图9、图10）。

山近轩的景观元素（图11），主要分为叠山、理水和松树。乾隆皇帝喜欢松树，他在山近轩建筑群的最高点建造了古松书屋，在其中看书、休息、观松。乾隆还为此写了很多关于松的诗词。松，是山近轩里非常重要的景观元素。乾隆建园

图3 山近轩的内外檐装修复原设计3
图4 山近轩的内外檐装修复原设计4
图5 叠落房和古松书屋的内外檐装修复原设计

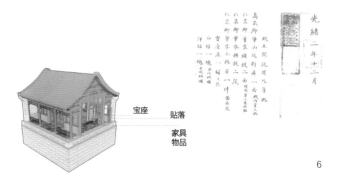

6

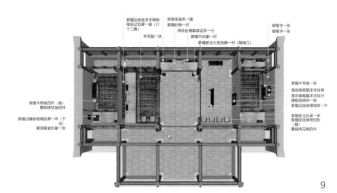

9

宝座床　　　　　　屏风宝座　　7

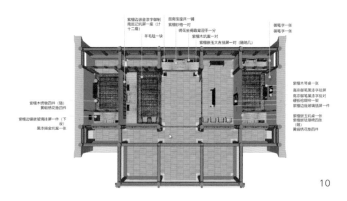

10

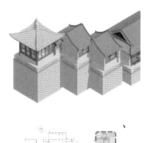

8

11

图 6　山近轩的陈设复原设计

图 7　固定搭配组合

图 8　互文式陈设组合

图 9　山近轩的室内陈设复原设计 1

图 10　山近轩的室内陈设复原设计 2

图 11　山近轩的景观元素

时应有一些千年的古松，但现在都不复存在了。目前场地里现存的松树，主要是乾隆时期所栽的幼松，距今三百多年历史，也都成了古松。

山近轩的假山也很有特点（图 12、图 13），它是避暑山庄山区园林中体量最大的假山，主要分布于庭园中心部分以及养粹堂西侧。避暑山庄的假山主要有两种形式：一种是堆砌假山、一种是刻削假山。堆砌假山和南方私家园林中堆山叠石的手法是一样的，只不过采用了北方的本地石料，少用玲珑剔透的太湖石，所以风格更加浑厚，与南方园林钟灵毓秀的感觉有所不同。刻削假山是避暑山庄非常有特点的一种假山形式，选取山上场地内固有的石料，根据皇帝的喜好或工匠的发挥，对石头进行削刻加工，形成刻削假山，相比叠山更具质朴自然的感觉。

我们研究考证遗址现场的假山遗存，可以看到山近轩中央假山的体量是非常大的，它实际上很可能是真山的一部分，加以叠石组织形成假山，现在都已坍塌了。这个假山大致可以归到曹汛先生总结的三类假山里面的最后一类——真山的一角。比较有意思的一点是，城市园林里的真山一角说的是模拟真山叠石造山，而避暑山庄山近轩内的主假山可能真的就是真山的一角，非常有趣。

簇奇廊的正面还有一些山洞（图 14），它虽然是真山，造园者还是挖了一些山洞并做了叠石，形成内部交通的空间。

整个园中园的道路系统（黄色的线）（图 15）是贯穿于山

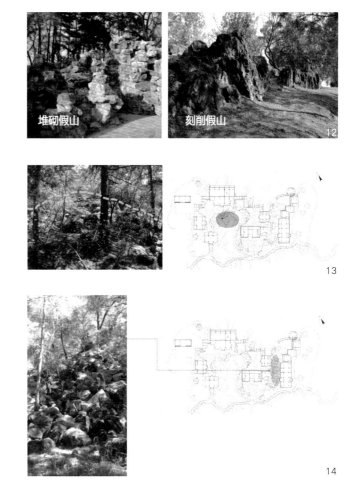

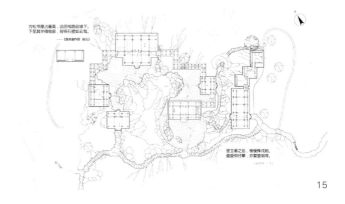

图 12　山近轩的主要景观元素研究·假山 1
图 13　山近轩的主要景观元素研究·假山 2
图 14　山近轩主要景观元素研究·假山 3
图 15　道路系统分析

近轩的室内、半室外、室外、假山上、假山中，创造了非常丰富的游走的体验，我觉得是一个很高明的造园手法。所以说山近轩的园林空间是一个非常暧昧不分明的空间，与外部的关系也是如此，因为外墙是不完全围合的。如图16所示，绿色部分表示院墙，黄色部分是封闭的建筑外部，还有一部分是利用假山和峭壁的崖体而形成的围合，庭园建筑内外的边界是很模糊的。自然天成的真山是通过人工修饰的假山形式流入庭院里，外面的真山和中央假山的部分是连为一体的。我觉得这就是庭园中的人造自然和真实自然，你中有我、我中有你的关系。这种手法也反映了古人对自然的态度，对现代建筑也很有启发（图17）。

在这里插一句题外话，因为我除了教学之外，还从事一些建筑设计的工作。最近正好在南方做一个学校的设计，因为近年来流行地域主义风格的建筑，业主和政府希望这个建筑能有一些传统地域建筑文化元素，比如大屋顶、大木作结构、砖墙等。和朱镕院长探讨之后，我们觉得对地域主义这个概念还是应该有所突破，不使用具象的传统中式元素，而是使用现代材料来达成，比如使用造型感较强、色调又很中性的清水混凝土。在空间上，不使用具体的具象元素，而是呼应古典园林空间的营造方式，串联校园里的教学空间、公共空间、游廊，以园林的手法实现步移景异、曲径通幽，打破室内外、明与暗、虚与实的界限，注重人与自然元素，比如阳光和风，以及人与空间、场地的关系，从而能够在现代建筑中体验到

传统园林营造的空间意味。这也呼应了朱镕院长重新解读"礼记"所提出的"藏修游息"，在现代建筑里营造传统园林的空间意象。

造园除了叠石还有理水（图18）。山近轩的理水主要有两个方面：其一是园内的溪水，现已干涸，养粹堂后侧有一条水沟，上面有个石板桥，石板桥下的涵洞有可能是园内溪水的水口，或许也可以作为后面山坡排水之用；其二，更重要的是园内向园外的山溪借景，御制诗中也多次表达了这一点。

再看看园内松树的位置，绿色的是乾隆时期的松树，黄色的位置是两棵大的古松，两棵古松都被巧妙地组织进园内最高潮的两个观景处（图19）。

最后介绍一下我们课题组对山近轩复原的艺术表现（图20、图21）。我们学校一直提倡跨学科研究和创作，建筑学院朱镕院长也一直在思考这方面的问题。比如说，相对传统工科学校，美院的建筑学院如何能够更具造型艺术的特点。我们有国内首屈一指的美术史研究、文化遗产研究以及绘画造型、国画等专业，这些强项应该在相关研究中予以体现。我们在复原表现时参考了清宫院画的表达形式，把复原设计的建筑模型融入大面积的风景绘画之中，做成数字界画。这种表现手法，一是更有传统绘画的美感，同时也算作对传统界画手法进行部分继承的一种尝试；二是亦效仿古代的画家造园，以山水画卷的形式来呈现园林的情境和氛围。

如图22所示，是制作的实体模型照片。

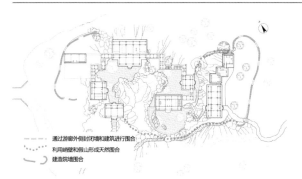

通过游廊外侧封闭墙和建筑进行围合
利用峭壁和假山形成天然围合
建造院墙围合

16

图16　山近轩的主要景观元素研究·院墙

17

图17　山近轩的主要景观元素研究·屏障

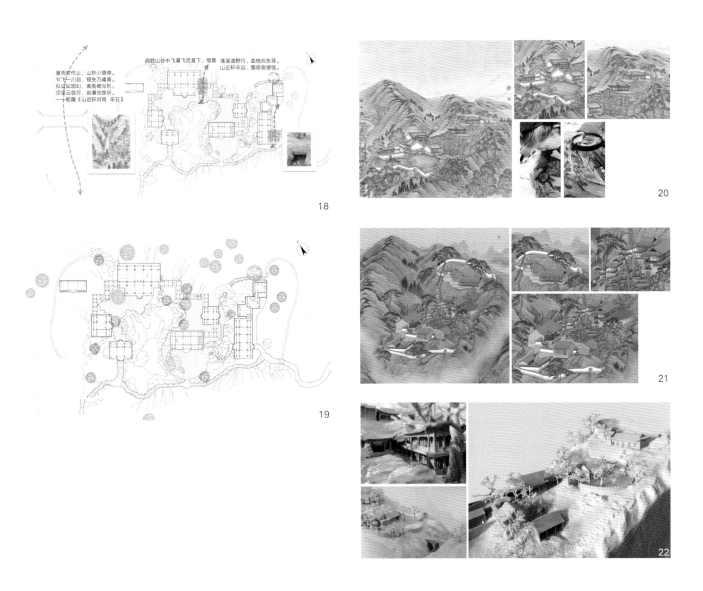

图 18　山近轩主要景观元素研究·水景

图 19　山近轩主要景观元素研究·古松

图 20　山近轩复原设计的艺术表现 1

图 21　山近轩复原设计的艺术表现 2

图 22　山近轩复原设计的艺术表现 3（模型）

侯晓蕾（主持人）：今天 8 位讲者都完成了主题报告，感谢 8 位老师分别介绍了寄畅园、豫园、清漪园、清漪园的赅春园、避暑山庄的山近轩等历史名园，又探讨了造园名家，讲述了如张南垣、张鉽、张然等张氏家族、周廷策及乾隆皇帝等一系列的造园者的故事。让我们对这一期历史名园及造园名家有了深入了解。

下面进入研讨和对谈环节。有请各位老师针对各位讲者的发言，进行提问，或表达感想。首先有请丘挺老师。

丘挺（中央美术学院中国画学院山水系系主任、教授，著名艺术家）：好的，非常荣幸听了这一组报告，收获很大。我本身在做山水画的创作和研究，山水画与园林互相之间的关系特别密切。我也经常带着同学到南方的园林考察，包括刚刚提到的寄畅园，也是以历史上的一些图像文本诗词等为基础，让同学做一些相关专题的创作。这涉及一个问题，就是中国山水文化里园林的状态，可以诗，可以画，可以文，可以有"事"（事件），这样就形成了园林的造境艺术，它跟我们的画理是相通的。

刚才好多专家引用了山水画论，包括《林泉高致》《丘园养素》等，这和山水画家的创作状态关系比较密切，比如怎么把画理糅合到造园的原理里，对土石山、土山、石山、置石，包括一些取名、对联和境界互相生成关系的一种表达。

这一点在每个个案的细节研究中都有所体现，我听了受

益特别多。我记得明末计成《园冶》里的序言说他自小就特别喜欢山水画，喜欢收集，最喜欢关仝、荆浩的这种笔意，而且还经常临写。这种对绘画山水的体验，后来实际上生成了他对造园的定式理解。当时曹元甫先生去看过他造的园子后称赞他"以为荆关之绘也"，也就是具有关仝、荆浩的这种笔意，他很珍视这一评议，所以他把它记在序言里。我觉得明清江南文人有相应雅文化的需求，包括它的工艺以及方方面面的综合能力，造成了当时的盛况。

在园林具体细节上，比如石头从水面探出去的角度、飞檐拉升的曲势形成的跌宕状态，都是在非常有限的空间里形成最大极限的拉升，形成了空间的张力。

今天很多园林虽然可能被后期修改过，但还能感受到古人的造景艺术。今天各位专家对园林的研究都非常细化，比如对一些遗址的复原，对我们画山水画的人特别有启发。

这种诗意性的贯穿，从物质材料到心灵空间的营造，形成的叠山垒石；这种使得大家"幽居默处而观万物之变，尽自然之理"（苏东坡《上曾丞相书》），用有限去阐释无限的一种悠扬恣肆的状态；这种每个时代不同区间的品位，累加形成的一种文化叠合式、折叠式的多重意义阐释，都特别有意思。

侯晓蕾（主持人）：感谢丘老师从艺术家的角度，阐述了园林可供我们借鉴之处。自古以来中国的山水诗文、山水画作和

山水园林就是不分家的，将来也特别希望园林建筑相关的学者，与艺术家老师们更进一步地探讨，多谢丘老师。接下来请曹庆晖老师发言。

曹庆晖（中央美术学院美术史系教授，著名学者）：非常荣幸能听到各位的发言，可以看到大家关于造园家、文人园林、皇家园林这些对象的讨论是非常深入的，使用的方法从史料到文献，到案例，到技术复原，到文化遗产。我非常感兴趣的是一些研究方法的深入性、具体性以及和当前实际运用的技术转换。

在中央美术学院，不同学科多多少少有点封闭，联系不是太多。今天我能感受到大家在采取的对象和方式方法上，和目前美术史的传统研究基本是同一个大方向，比如近些年画院特别谈到明清的实景山水等问题。

无论从建筑师的角度，还是从美术史的角度，都涉及视觉认知机制的问题。也就是说，我们今天面对的建筑和绘画，是按照现在的视觉机制来讨论的。视觉认知机制背后是文化思想机制，因此利用绘画材料来讨论建筑史和从绘画史的角度来看待园林，都会由于如今文化机制的改变，导致无法识读一些视觉认知机制中的文化密码。

对过去的文化密码不识读会导致简单化，不是说今天的学者简单化，而是这里边肯定会存在认识上的偏误，在未来进一步的研究中如何引起警惕，是我想强调的。

侯晓蕾：感谢曹老师。园林史也好，建筑史也好，美术史也好，共同塑造了一个大艺术史，对于中国古典园林而言，它也是多元学科交融的。我们今天面临的情况跟古代确实有很多的不同。我们如何在视觉认知机制中与今天、与昨天、与古代形成动态的交互，这确实值得思考。接下来有请周榕老师。

周榕（清华大学建筑学院副教授，著名理论家和评论家）：我听了今天的报告，很有收获。我感觉我们的园林研究其实是一个相当小圈子的研究，很像中国传统做学问的方式，要靠"沉潜含玩"（沉潜往复，从容含玩），每一个个体研究者在这个领域里面特别深入地去追根溯源，有很多的文本研究，很多的历史脉络梳理，特别难能可贵，特别重要。但是我在想，在今天靠每一个个体这种单机的研究方法，是不是还依然适用？

为什么这么说？一般的研究者都喜欢引钱钟书说的这句话——"大抵学问是荒江野老屋中，二三素心人商量培养之事，朝市之显学，必成俗学"，这是一种非常传统的研究方法，包括我们今天这种雅集。当然这样的雅集特别好，它突破了"二三素心人商量培养之事"。我非常佩服曹汛先生，他的个体能力极强。但是这样个体能力的强，某种程度上其实会抑制网络化的学习。这样的研究方法就是一个特别有限的垂直局域网，它是以一个特别突出的个体为代表，然后学生弟子也沿用这样垂直网络研究的方式。

在今天，我们也许可以用新的方式，云学习的方式。云研究、云学习可以把很多原来只在个体的单机存储器里的知识，一些研究的材料完全共享，形成更大的研究共同体。

园林研究和很多传统研究一样，也处在萎缩的状态，并没有越来越壮大，如同生态中一个在萎缩的群落。到了一定的临界点以后，这种学问会在未来逐渐衰落，这可能是可以预期的。所以我在想，如何壮大这样的共同体，吸引更多的人来对研究做出知识贡献。我觉得朱院长以及王明贤老师组织这样的雅集，尤其未来还有很多这种青年建筑学者的讨论，利用现在的技术手段，利用云研究的方式，能够把散落在各个不同机构，各个不同地区非常优秀的单体研究者，形成一种组织化的结构。这样云研究的组织化的结构，不是传统的垂直结构，它更灵活自由，同时又能够把能量集聚在一起。

期待央美能够在未来的云研究领域里突破传统性，突破局限于固定组织结构的弱点，可以率先实验在云研究结构里形成一个很重要的节点枢纽。我也很期待之后几期的青年学者论坛，能够逐渐把全国优秀的研究者组织在一起。

李兴钢（中国建筑设计研究院总建筑师，著名建筑师）：园林是我比较感兴趣的，今天对我来讲是一个学习的机会。园林和园林史虽然跟史论和史学研究更相关，但是也涌现了很多建筑师去设计和建造，以乾隆为代表的园林仿写其实也是一种设计活动，这与我们建筑师的工作和思考都是有关系的。

我印象比较深的是顾凯老师，他讲到张鉽在寄畅园的山水改筑中，营造出既强调视觉画意，又强调游观体验的精彩工作。大家没有谈到我更关心的一件事情——主人和匠人之间的关联。这涉及建筑设计的对应现象，或者说一种很重要的线索：作为设计者，如何能够使他设想中的画意或者体验，能够被后来的游观者或者其他人获得？

不管是私家园林或者皇家园林，它的主人和游观者某种程度上是合一的。但是对于当代建筑设计，它的设计者和使用者通常是分离的。那么设计者和使用者的体验或观察上有多大程度的合一性，是设计或者建造成功与否的一个很重要的因素，我期待有更多的研究者或者学者能够在这个方面有所进展和呈现。

段建强（内蒙古工业大学建筑学院教授）：我回应一下李老师的建议。我研究《玉华堂日记》时确实遇到了这个问题。在豫园兴造过程当中，不单纯涉及张南阳一个人，还涉及了很多其他的人，包括园林物资的、植物的、室内陈设、文玩交易的等。这其实涉及文人生活的趣味圈层和网络，与晚明的经济关系很密切，尤其是这种文人之间的交流，也影响了造园。比如张南阳，他其实既给潘允端（豫园主人）造园，又给王世贞造园，也参与文人之间的交游，所以他也会影响当时的一些风格。基于《玉华堂日记》，我会有一两篇文章谈这个事情，可能会明年写出来，到时候再请您指导。

毛华松（重庆大学建筑城规学院教授）：非常高兴有这个机会，听各位老师讲历史名园与造园家的关系，从造园人的知识积累、日常生活去理解古典园林的空间生成，在后半段也听了几位老师在古典园林的保护或实践中的一些思考。每个板块都非常精彩，感谢央美提供这样一个很好的学习交流机会。

这里我有两个小问题。第一，今天讲的内容主要是明清园林，在不同地域，不同的园林案例当中，明清园林在传播过程中是否有一种相对成熟的范式？我感觉今天几位嘉宾论及的江南园林和皇家园林，可以看到无论是张南垣家族在南北的假山实践，还是张龙老师讲到写仿在南北方园林融合上的推动，这些现象中是否有一种相对定式的审美范式？还有就是游历、绘画，或者如段老师讲豫园园林时的日常生活中，这些园林生活、艺术是如何影响这种范式的传播？我特别想了解，通过南北方的交融和对比，明清园林的共性特征该如何去识别？

第二个问题是，现在的园林保护和遗产保护中，园林文化的原真性，比如造园的过程或者是历史上的日常生活，这种信息在保护和传递过程中可能会遇到哪些难点，以及我们该如何去突破它？

王欣（浙江农林大学风景园林与建筑学院党委书记、副教授）：感谢央美提供这么好的平台，我觉得讲得特别好，这么多的细节，这么多的历史样貌，以前很少展现过。刚才有人提到，

可能会对史论研究有悲观的看法。我倒是对史论研究非常乐观，一个事物是壮大或者衰落，取决于研究者自身而非环境。我们如果能够响应这个时代的需求来拓展，那么有作为就有地位。这其实取决于我们能做出什么，而不取决于外界是一个什么样的时代，所以对史论的研究我是非常有信心的。

如果我们要去应对这个时代的需求，或者说假如中国园林要在世界上形成自己的特色（做到文化输出、文化自信），光靠这些形式，比如说假山怎么堆，水池怎么做，建筑怎么造恐怕是不行的。

对于好多年前老先生们所讲的那些手法、理念，这样一些方法的研究，我觉得现在是不是有所忽视？大家都集中在形式上面，是不是会进入只见树叶不见森林的状态？

云嘉燕（南京林业大学风景园林学院讲师）：我想请教关于 17 世纪的叠山大师文震亨、计成、张南垣、周秉忠、周廷策等，他们都有各自擅长的叠山技法，那么他们各自的特色体现在哪？刘珊珊老师在汇报中提到假山有很多种风格，比如浪漫主义、现实主义，那么除去这些主义，它的很多理法，包括借景，每个人各自的特色体现在哪？

顾凯（东南大学建筑学院副教授）：我今年在《风景园林》第二期有一篇文章《园在山中：再探张南垣叠山造园的意义与传承》，讲张南垣的营造特色以及它的传承，部分可以回答云老

师的问题。

之前刘珊珊老师引用了曹汛先生的框架，就是叠山发展的三个阶段。周廷策更早一点，张南垣稍微晚一点，是相对新一点的潮流。这个框架我认为基本上还是适用的，但是可以再发展一下。用"阶段"这个词会有一点点问题，因为并不是前一个阶段结束了，后一个阶段才开始；一种新的思潮方法出现之后，往往跟前一个阶段遗留下来的方法是并存的，只不过一个相对主流一个相对边缘。像张南阳和周秉忠周廷策父子，他们基本上是 16 世纪后半叶的匠师，他们有很多的共通点，就是南宋以来的一些造园叠山的特点。

曹汛先生谈的第二个阶段主要是唐代那种微缩的小中见大假山，不能进去的。但是南宋以来出现了可以走进去的，同时又有石峰林立，可供欣赏的情况。在止园里面，我们看到的仍然是这一类的；张南垣完全是一个新的风格，他关注"进入"的同时也关注画意，但他不太关注峰石，欣赏太湖石对他来说是不重要的，而且对于太湖石叠山这种石峰动势的欣赏，他是批判的。

我那篇文章的主标题叫作"园在山中"，张南垣最大的特色，就是要感受整个山意。在寄畅园中表达非常明显，就是要感觉园外有山，要一直延伸进来，园内的山只是大山的一小部分。后来戈裕良的环秀山庄在这方面有所延续。

所以张南垣的特点跟前面的周廷策就很不一样，大致可以把晚明做两类的划分。大家印象里晚明好像是笼统在一起

的，其实还可以进一步区分。16 世纪后期跟 17 世纪还是很不一样的。

边谦（北京建筑大学讲师）：请问刘老师，为什么将止园飞云峰定位在叠山艺术演变的第二阶段？曹汛先生指出叠山第二阶段最主要的问题是不可游、不可入，但飞云峰"望行游居"皆备，是否应该算作第三阶段的某种"改良"或"发展"呢？另外，刚才类比中的环秀山庄湖石大假山是否也应属于第三阶段？

刘珊珊（同济大学建筑与城市规划学院副研究员）：这个定位主要基于两点考虑：一是时间，周廷策飞云峰在张南垣叠山之前；二是风格，飞云峰属于对真山的缩微写仿，用曹汛先生的话讲，第二阶段的"诗人赏石，小中见大，由此及彼，靠诗情引起遐想"，其特点并非完全不可游，只是游览体验更多是象征性的，与第三阶段如入真山的观感不同。

感谢顾老师。边谦老师和云老师提出的问题非常有探讨价值。张南垣在园林史上是一个革命性的人物。在张南垣之后，中国叠山发生了革命性的变化。但正像顾老师说的，不仅仅是时间上的简单划分，还是对于写仿真山真川，或局部模拟真山的区别。

王欣老师提到，我们现在研究园林史，对于当代有什么价值。当我们重新回到历史的语境当中，变革之后变成非主

流的东西，会再次进入我们的视野，用一种新的视角重新认识它，这样就能开拓对古代园林的认识。

在任何一个阶段都有杰出的作品。即使说张南垣开创了一个新的时代，但是在上一个时代，周廷策的作品仍非常令人震撼。我们越是深入史论研究中，越能给今天的园林设计带来新的启发。刚刚毛老师提到南北方园林风格的交融，是不是请张龙老师或黄晓老师回答一下？

黄晓（北京林业大学园林学院副教授）：确实如云老师所说，不同造园家的风格不同，互相之间还会有竞争。就跟现在的设计市场一样，设计师的作品要有自己的特征，一种明显的风格。

这次谈到几个人，张南阳、周秉忠、周廷策、张南垣，还有计成。张南阳在 1596 年左右去世，张南垣有记载的第一个作品是 1620 年，计成是 1623 年，所以在张南阳去世后，到张南垣出山前，中间有二三十年的时间，这是周氏父子纵横江南的时间。这些造园家既有时间的前后，也有风格上的区分，颇有"各领风骚数十年"的感觉。

关于叠山风格的转变，可以看看张南阳、张南垣和周秉忠、周廷策之间的区别。顾老师提到，张南垣的主要特征是园在山中，假山跟周围环境有非常大的关系。张南垣是现实主义的，跟周围的关系更为延续；周廷策是浪漫主义的，更具有戏剧感。从这个角度看，飞来峰（注：止园假山飞云峰写仿杭州真山飞来峰）追求的就是不跟周围有关系，是一种突兀和惊奇之感。

这给我们一个启示，设计的标准可以是多样的，每种标准里可能都会出现杰作。这可能就是那个时期周廷策父子广受欢迎的原因，他们创造出了很多杰作。

刘文豹（中央美术学院建筑学院副教授）：我的问题相对具体。第一个是求教顾凯老师，关于"寄畅园"；第二个问题想问刘珊珊老师的"飞云峰"。

顾凯老师介绍了清初寄畅园的"山水改筑"，强调了张南垣的显著贡献。我意识到张南垣不仅仅是叠石方面的艺匠，可能他还是一位环境意向与空间氛围营造方面的大师。

今天我第一次看到寄畅园平面的新旧对比。尽管两者在山水格局上没有大的变化，但调整之后的园林其环境意向更为鲜明。

例如左侧的平面图，我们看到"水"和"山"都是被一分为二的，格局较为松散。然而在"改筑"之后，山丘连绵成一片，水面被整合为一体，成为园内尺度最开阔的景区。这样一个大的水面，其南北两侧有建筑和露台，东侧是亭子和游廊，西面为山丘，从而形成一个环抱的内向空间，这个特点非常显著。除了以水面为核心构成一种具向心力的环境之外，山水之间的对立与对话关系也更清晰了。

顾老师讲的第二个方面是"如入岩谷"。可以看到张鉽在调整水系的过程中，将沟渠由上至下的直接方式改为由左向右、再向下绕过山丘最终汇入湖面。尽管路径较为曲折，但它却将湖西侧的几个小山包整合为一片，体现了"延绵"之势。而这条新构筑的崖石步道曲折蜿蜒、乱石嶙峋，刚才顾老师也展示了该照片。这条崖石步道不仅具功能性，即引水；同时还有象征意义。我意识到，它与园区的山水意向形成一个整体。也就是说，溪流"穿越"山谷，跌宕前行（紧张且疾驰），最后进入到开阔的平原区（平静而悠远），它服务于园区整体的环境意向。

由此，我体会到设计师对于环境、空间、氛围的独到见解，以及把控整体环境意向的超强能力。我想请教顾凯老师，张南垣有没有其他作品也体现出这种对于环境、空间与氛围的整体观？

我的第二个问题是向刘珊珊老师请教。从一个建筑师的角度，我注意到"飞云峰"的位置很独特。它位于这一组建筑的中轴线上：前面是园门，接着是一座房屋与飞云峰，中间是一座主厅堂，最后在山丘之上有高塔。通常在布置庭院的时候，我们会有意识地创造出南低北高的格局，这样既利于接纳阳光也符合传统的风水理念。

但是在该画面中，"飞云峰"的体量非常突出，而且它与山丘之上的高塔遥相呼应。我把"飞云峰"解读为"造了一座山"，也就是在房屋背后人为地设置了一个"屏障"。我不清楚这个位置原本就有一个山包，还是说它就是一处平地？这究竟是园林家顺势而为，将山包改造成了飞云峰？还是造

园家蓄意为之，在平地上将它拔地而起？如果是拔地而起的，那么它的意向又是什么呢？

刘珊珊：飞云峰是湖石假山，应当是从地面堆叠而成，而且假山的内部有空间，看起来不是因为本来的地形造成的，而有可能是造园家的设计。止园的平面具有很强的轴线性，重要的景观都放在轴线上，飞云峰和大慈悲阁作为园林最重要的两个景观，互相垂直对正，都是在园林的主轴上。地形应该是南低北高，最后最高的山是在大慈悲阁下的狮子座，这是一个土石山，内土外石，可能原先会有一些地形，所以我们感觉飞云峰是有意为之的设计，希望营造在屋里看山的感觉。

黄晓：我补充两句，这张总平面图的格局很重要。我们可以把怀归别墅、飞云峰和水周堂看成一个单元。止园以水为主，可以坐船从怀归别墅进入。怀归别墅有点像前厅，也就是一道门，门后有飞云峰，给人开门见山的感觉。经过山再绕过池北，是主堂，这种格局在江南园林里很常见。从将怀归别墅作为门厅的角度来看，后边很需要一座山峰，所以这里确实有布局上的考虑。

顾凯：我回答一下刘文豹老师的问题。关于张南垣其他的案例，非常可惜，曹汛先生研究了很长的时间，找了非常多的资料，也跑了很多地方，但是现在能够被确认为张南垣营造的园林

或者假山的作品，一个都没有保留下来。曹先生用的词叫"一体无存"。这个非常可惜，所以我们研究的寄畅园其实是目前来理解张氏之山唯一一个相对可靠的例子。

刘文豹老师的感悟特别有启发，从平面图里面看出一些新的东西，说明平面图、复原图还是有意义的。对张南垣作品的理解，现在主要是靠文献，刘老师也给我们指出了一些可能的方向，值得继续在这些方面去关注。

朱小地（BIAD 朱小地工作室主持建筑师，北京建筑设计研究院总建筑师）：我记得去年听了曹汛先生的三堂课，我落了一节课，当时给曹先生的定义或评价，就是"为往圣继绝学"。今天听了8位年轻老师的演讲，感觉到年轻一代学者对治学的严谨，对中国园林的钟爱，让人佩服。

今天我的发言大概有这么一个题目，叫"不始于园林，不止于园林"。园林的发展或者它的起源，就是我们人类生活发展的一种追求。当然最后它被文人提炼成园林，或者说它变成了在园林方面的一个实验性的尝试。

我觉得不仅仅是基于南方的江南私家园林或北方的皇家园林，就我个人的经历，感觉全国或者说世界各地，对园林的钟爱是随处可见的。我曾经到新疆的南疆，他们也有一种园林营造的痕迹。因为中国人的生活方式，就是讨论人和自然的关系，所以自然的景物、景致，最终被诗化成园林的形态。

我们对园林的研究讨论，不应仅仅局限在既有的园林，包括实物、文献、诗歌以及其他的载体，而更应该把它扩展到园林的产生，它的背景。可以通过园林讨论传统文化的发展和特性，给当下的建筑设计、园林设计提供新的养分。

关于"不止于园林"，我切身感受到中国园林是一种场景，这种场景的讨论，甚至包括我们的设计工作，不是借助语言甚至一些表现工具可以表达出来的意境，它是通过现实情景的对话来产生的一种结果，必须有场景化的现场感才能有最终的结果，或者达到比较理想的状态。

园林的研究如何能够对现实设计和研究产生更好的支撑作用，如何不断地发展园林文化，未来如何在互联网、全球化的时代，在东西方文化交流的过程中，通过园林来更好地解读中国传统文化的价值和内涵。我觉得这是建筑师的责任或者说不可回避的问题，我也希望在这方面能够看到更多新的解释和应用。

余洋（哈尔滨工业大学建筑学院副教授）：非常高兴能够加入这次云讨论。我做过两三年地域性的园林历史研究，对于我理解城市和设计实践都很有帮助。我同时在想如何能让更多的人也来做这样的研究。

刚才朱老师提到，他在寻找一个介入园林研究的途径。我想请问一直坚持做研究的学者和嘉宾，你们是如何鼓励和吸引更多的人，尤其是你身边原先不做史论的人来研究这些话题，进入这样一个圈子？如何去鼓励年轻人甚至鼓励自己一直坚持做这样的事？它的确需要有很多的积累，这扇门怎么能够敲开，让研究的圈子变得更大。

张龙（天津大学建筑学院教授）：我是建筑学出身，跟着王其亨老师做样式雷图档，博士论文就写图档，博士毕业之后，别人问我是研究园林的吗？我说不是，我是研究颐和园的图和材料，恰恰有 6 年的时间做材料的积累，才慢慢开始研究一些园林话题，后来留校之后才研究写仿的问题。

我的个人理解是，南北园林的互动，不单单是南方影响北方，张南垣这些人实际上是在北方进行了大量的实践，和北方的传统融合之后又回到南方。现在我们知道，南方文人园影响北方比较多，但是像扬州，尤其是商人的园子，其实受北方的影响很大。它实际是一个互动的过程，南北文化是一体的。

除了园林之外，我现在做建筑史研究，比如说颐和园边上有个功德寺，主持太监先去了青海修了瞿昙寺，那也是皇家敕建的，然后他又回到南京修了报恩寺，后来又到北京从事修建，负责很多工程，实际上把当时可能象征着中央的建筑文化，在中华大地上通过皇家敕建的形式四处（传播）。

我觉得造园也是这样，当时国家经济已经发展到一定的水平，社会比较稳定了，经济比较繁荣了，才有这样强大的内动力的需求。如同当代，我们已经不能满足原来那种两居室小户型，要做低密度的洋房，我们的居住层次要求越来越高。

现在为什么这么多人研究园林，关注园林，实际上这是中国传统对于"居住"的"居"字的理解，或者是对我们"住宅"的"宅"字的理解。"宅"是一个"择吉处而营之"的概念，包括现在我们提文化自信，都要从传统的优秀遗产中寻找智慧，服务当下的园林和建筑设计。

何可人（中央美术学院建筑学院副教授）：我不是研究中国古建筑和园林的，早期研究特别多的是西方古典建筑史论，前些年写博士论文，写到中国近现代的一些建筑和景观。

我的感受是从建筑史和园林史来说，中国这种研究可能是从 20 世纪初，也就是从新文化运动开始，比如说王国维先生最早就说要"取地下之遗物、纸上之遗文互相释证"，去进行考古研究。他曾批评之前的研究只是挖掘史料文字，而当时中国刚刚引进现代考古学，应当予以应用。我们早期第一代的建筑师童寯先生做园林研究，他结合中国古典园林、山水画、山水诗，也会用到当时一些最新的分析和研究方法，如平面图、摄影等。

我想到刚才周榕老师还有朱小地老师的问题，我们园林往后继续怎么研究，其实好多嘉宾都有这种担忧。今天有好几个报告都是针对张南垣，因为实物没有了，全是从文字考据学来研究，研究得非常细致。这让我想起写博士论文时，看了很多红学的资料，最早的红学是索隐派和文学评论派，直到后来胡适和周汝昌的考据学出现，变成一种"新红学"，考据学占主导。

我觉得考据学，后来红学里也讲到，总有一个局限，史料、资料不可能是无穷尽的，慢慢就用完了，除非总能发掘出新的东西。像刘珊珊老师发掘出新的画册，我觉得这很好，但如果没有新东西，没有史料，拿什么来研究？所以我也很担忧，当年王国维、童寯等先辈们，也是利用当时新的科学方法。我们今天的研究方式和方法是不是也需要一种突破。

策划人总结

朱锫（总策划人）：我作为会议的组织者谈一点感想。我相信大家确实意犹未尽，今天不管是我们的主讲嘉宾，还是对谈嘉宾，以及今天邀请的著名学者们，都从不同角度对今天的论坛提出了富有启发的想法。

下面我谈一点自己的感受，作者与作品的关系是很多艺术创作领域的重要话题，我们今天的论坛就是把重点放在探讨中国历史名园的创作者与其作品的关系上。在中国古代我们能知道的与早期园林相关的人物首先是园林的主人，就像西汉梁孝王的菟园和西晋石崇的金谷园等，他们都是园林的享有者，但未必是直接参与园林的创造者，或者设计者。计成在《园冶》中提到"能主之人"的概念，将专业的设计师，称之为园林的"能主之人"。

根据曹汛先生的《略论我国古典园林诗情画意的发生发展》一文的观点，中国园林的创作者大致经历了三个历程，对应三种身份：诗人、画家和造园者，这三种身份有时候交叉重叠，比如诗人兼为画家，造园家往往精通绘画，这种身份的重叠造就了中国园林诗情画意的特征。明代是造园家的时代，随着计成、张南垣等专业人士的出现，造园最终也被交到设计师手中，中国古代造园确立了其专业化的地位，中国园林也达到了造园艺术的高峰。关于园林创作者、作者身份的话题还会给我们带来很多的思考，原著作为委托人或者赞助人，也许会深入参与园林的创造，成为园林的创作者，比如像刚才我们的老师谈到的乾隆皇帝，其对清代皇家园林美学的确立发挥了重要的影响力。

关于委托人与作品的关系，美术史领域在这方面也有着丰富的研究，比如西方文艺复兴时期的宫廷、宗教、贵族、行会、团体对艺术的赞助，李铸晋、高居翰等学者组织了中国画家与赞助人的专题研究等，但在园林史方面的研究还比较欠缺，主人如何介入到设计中来，共同打造出高水平的作品，这对于今天的建筑师如何与我们的业主进行沟通合作仍具有非常特殊的意义。

今天八位青年学者的演讲和我们很多跨领域的对话嘉宾从不同的角度探讨了历史名园与造园名家之间的血缘关系，他们研究采用新方法，有些人特别是挖掘了一些特殊的材料，从不同的角度，也从一种新的理论方法，不断地扩展研究视野和领域，为我们今天的史论研究与建筑园林创作带来了很多新的启发。

我们期待着"央美建筑青年学者论坛"（CAFAa Young Scholars Forum）能够持续深入探讨有关建筑历史、理论实践等敏感话题，打造具有独立批判视角的学术生态，为青年学者建筑师的成长发展提供学术平台。

最后，我代表中央美术学院建筑学院的全体师生特别感谢今天卓越的、年轻的演讲嘉宾和对谈嘉宾给我们所呈现出来的精彩的学术境地；感谢长期以来一直支持中央美院建筑学院学术发展，而且今天亲临我们学术现场的这些知名的学者，谢谢你们对青年学者的支持和关注；感谢此次学术论坛的总策划中央美院特聘教授王明贤先生花了大量的心血；也感谢主持人和组织者侯晓蕾老师、刘珊珊老师、黄晓老师等。还要感谢很多幕后的工作者，特别是我们建筑学院年轻的策划团队，他们不仅仅策划了这次活动，以往央美很多重要的学术活动都是由这些年轻的老师组织，韩涛、王子耕、罗晶、刘焉陈、黄良福、张茜、曹量等很多老师，以及此次学术活动的学生志愿者。

最后真诚地感谢所有在线的观众们，是你们打造了今天极其特殊的一种学术氛围，感谢你们长期关注央美建筑的学术发展，期待我们下一次央美学术的现场再见，谢谢大家。

二、管窥东西：国际交流视野下的建筑与园林

策划人致辞

侯晓蕾（主持人）：各位老师、同学、朋友下午好！继"央美建筑青年学者论坛"（CAFAa Young Scholars Forum）第一期"历史名园与造园名家"之后，今天我们在此再次共聚一堂，云上共享，共同开启我们第二期论坛，主题为"管窥东西：国际交流视野下的建筑与园林"。

首先我们请论坛的总策划，中央美术学院建筑学院院长、教授，美国哈佛大学、哥伦比亚大学客座教授朱锫先生致辞并介绍特邀嘉宾，有请朱锫院长！

朱锫（总策划）：尊敬的来宾大家下午好！欢迎大家再次来到中央美术学院的学术现场参加我们"央美建筑青年学者论坛"（CAFAa Young Scholars Forum）的第二期——"云园史论雅集——管窥东西：国际交流视野下的建筑与园林"。

也就是两周前的这一天，"央美建筑青年学者论坛"（CAFAa Young Scholars Forum）的第一期"历史名园与造园名家"在这里成功地举办，在国内外引起了热烈的反响。作为第一期的延续，"管窥东西——国际交流视野下的建筑与园林"关注东西方建筑与园林艺术的交流。东西方文化交往的历史源远流长，交流与碰撞一直是文明进步的重要推动力，这一点在建筑与园林的领域表现得尤为明显。中国与邻近诸国在不断地交汇与融合中形成了鲜明的东亚建筑与园林文化共同体，同时东西方的审美趣味与艺术技法也早在全球化以前就开始了相互间的影响与渗透。

在新冠疫情的阴云下，世界"去全球化"的趋势越来越引起人们的忧虑，因此重新审视历史上的建筑与园林文化发展的诸多瞬间，检验其在建筑与园林历史发展中所激发的新的灵感与动力，更显得尤为重要。

非常感谢各位的到来，我们也特别期待接下来的演讲及对谈的青年学者嘉宾能用自己专注、深入的研究观点，为我们带来一场令人启发的学术盛会。

谢谢大家！

侯晓蕾（主持人）：感谢朱锫院长！正如本论坛第二期的活动主题"管窥东西：国际交流视野下的建筑与园林"所示，东西方的这种建筑和园林之间的交流和碰撞一直是文明进步的重要推动力。在新的时代，我们鼓励研究新视角、新方法、新的资料挖掘，关注新问题，建构新理论，不断拓展研究的世界和领域。

流芳园——一座位于美国南加州的"苏州园林"

卜向荣（Phillip E. Bloom 汉庭顿图书馆、美术馆和植物园东亚园林艺术研究所所长）

大家好，我叫卜向荣，我在美国洛杉矶附近的汉庭顿图书馆、美术馆和植物园担任东亚园林艺术研究所所长。非常感谢刘珊珊老师邀请我参加今天的雅集活动。

我今天的演讲不是一个学术性的演讲，而是想简单地介绍我工作的地方，一个叫作"流芳园"的苏州风格园林。通过这次介绍，希望大家能了解为什么流芳园会存在于美国南加州，流芳园到底与苏州园林有什么关系，并且流芳园是否可以推进苏州园林本身的发展（图1）。

一、流芳园的由来

流芳园位于一个叫作汉庭顿图书馆、美术馆和植物园的非营利文化机构。在20世纪初，亨利·汉庭顿（Henry Huntington）先生在铁路和地产行业获得了一些财富，便把多半的钱财花在建造庄园上。他的庄园比较独特：他一边收藏欧洲和美国的古籍善本以及美术品，一边建造一些优雅的花园，包括玫瑰花园、沙漠园、日本园等（图2）。汉庭顿先生去世之前，决定把整个庄园奉献给基金会，让学者使用他所收藏的书籍，让游客欣赏他所建造、种植的花园。

在20世纪80年代，汉庭顿植物园的园长金福森（Jim Folsom）博士便开始考虑建造一个中国风格的园林。他原来只想收集一些原产于中国的草木花卉，这里展示的多半观赏植物其实都来自中国。但他越学习中国园林的历史越明白，中国的园林并不只是简单的花园，而是拥有非常深厚的文化

背景。他又意识到，汉庭顿附近的人口比例正在变化中，移民的华人越来越多了。所以如果汉庭顿希望周边的邻居会重视植物园本身，他需要考虑如何吸引这些华人。

在20世纪90年代，汉庭顿就开始跟当地的华人建筑师朱亚新（Frances Ya-Sing Tsu）和陈劲合作，创作出中国园的基本概念和设计。当地的华人领导也开始参与中国园的策划项目。到了21世纪初，汉庭顿决定，为了保证中国园的原汁原味，一定要跟中国的设计师合作，还希望能在整个项目中使用中国产的材料。当时汉庭顿的领导们看了几座位于美国的中国园，觉得苏州园林设计院所设计、苏州园林发展公司所建造的波特兰市兰苏园（Lan Su Chinese Garden）建得较好，决定跟苏州这两家公司合作。过了三期工期，流芳园就完工了，2008年，南区域就对外开放，2020年秋天，完整的园林才正式开幕。

从2004年起，汉庭顿还特地雇佣了一位负责文化方面的园长来保证流芳园的正宗精神。在这16年之间，我担任第三任流芳园园长。

二、流芳园的特征

流芳园的外貌表现出传统明、清时代苏州园林的特征。但在很多方面，流芳园是一个比较独特的园林（图3、图4）。我将给大家介绍它三方面的特征。

1. 建筑特征

流芳园的面积比较大，有15英亩（6ha）左右，跟现在

图1　流芳园 [埃里克·阿兰（Aric Allen）摄]

图2　汉庭顿庄园 [玛莎·本尼迪克特（Martha Benedict）摄]

的拙政园管理区一样大。园区包括 15 座厅堂楼阁、1 座草堂、3 条走廊、8 座石桥等（图 5）。园内的厅堂楼阁可以说是似是而非的传统苏州园林建筑。其中不少厅堂楼阁都直接模仿苏州园林内的著名建筑，特别是拙政园的厅堂。栏杆、门窗的设计都起源于明代计成所写的《园冶》。铺地花纹的样式都来自 20 世纪初出版的《营造法原》。所有可见的材料，包括木梁、屋顶瓦，甚至太湖石都是从苏州地区运过来的。但是流芳园的建筑完全是中西融合的，是美国工人和中国工匠共同建造的（图 6）。加州地震较多，所以苏州传统的木构建筑无法使用。为了符合加州抗震规则，每座建筑必须有钢架结构，所以在建筑的传统外貌之下有相对现代的钢铁骨架。

2. 植物特征

在气候上，加州和苏州有非常大的不同——南加州属于地中海气候，而苏州属于北亚热带季风海洋性气候。最重要的不同是，苏州的冬天比加州冷，春、夏季的雨水比加州多，所以某些苏州园林的观赏植物无法在这里旺盛地生长。园区很大程度上都会保留原生的本地植物，譬如长青的栎树，园区最大的一棵树便是一棵加州栎树，有三百余年的历史。本地原生草木旁边会种植传统苏州园林的草木花卉，比如松树、竹子、梅花、山茶花、牡丹花等（图 7）。

3. 匾联特征

在思考中国园林的最大特色时，流芳园的园长一直觉得园林中的匾额和楹联可能是最重要的。东亚之外的园林较少会有文字出现在其中，因此我们特别重视选择厅堂、景点的名字和对联。就像古代园林一样，流芳园中的匾联既与园林本身有关，又有古典文学的典故。譬如，"流芳园"这个名字既描述汉庭顿植物园中草木的馨香和园区原来的流水，又借鉴古典诗赋《洛神赋》中描写的洛神走过花草丛中唤起芳气流动的场面。

这几年来，我们把流芳园内的匾联视作一个教育性的媒介，通过欣赏这些匾额和对联，游客就能得到中国文学概要性的认识，从《礼记》《庄子》之类的经典作品，到宋代梅尧臣、苏轼等文人的诗词，甚至是明清时期的传奇和小说，都出现在流芳园的匾联之中。

我们也特别讲究请书法家题写匾联。譬如，"流芳园"这个匾额由著名收藏家和艺术史学者翁万戈题写。翁先生是翁同龢的后辈，2020 年去世，享年 102 岁，2019 年将其学术方面的书籍捐给汉庭顿东亚园林艺术研究所的图书馆。现在园林中有各种不同的题记，从比较典型的匾额到更加前卫的对联。书法家的身份也不一，其中有专业的书法家、学者、当代艺术家、收藏家，甚至有医生和热心爱好者，他们来自中国大陆及香港地区、美国、英国等地，其中还有两位白人。我们认为集会这种"艺术团"才会使得流芳园充满明代苏州园林的精神。当时园林主人会请当地的文人、高官、朋友为他题写匾联，把园林当作一种私人的艺术中心，我们希望大众也可以这样看待流芳园（图 8）。

图 3　笔花书房（埃里克·阿兰 摄）

图 4　望星楼的远景（埃里克·阿兰 摄）

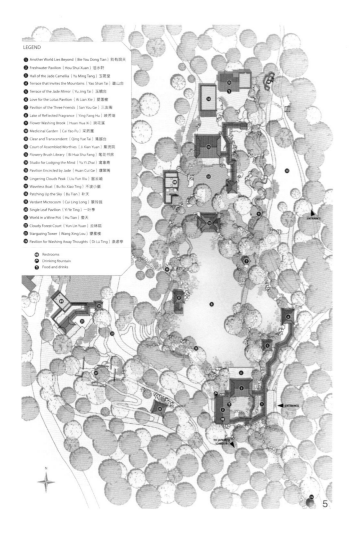

LEGEND

1. Another World Lies Beyond〔Bie You Dong Tian〕別有洞天
2. Freshwater Pavilion〔Hou Shui Xuan〕活水轩
3. Hall of the Jade Camellia〔Yu Ming Tang〕玉茗堂
4. Terrace that Invites the Mountains〔Yao Shan Tai〕邀山台
5. Terrace of the Jade Mirror〔Yu Jing Tai〕玉镜台
6. Love for the Lotus Pavilion〔Ai Lian Xie〕爱莲榭
7. Pavilion of the Three Friends〔San You Ge〕三友阁
8. Lake of Reflected Fragrance〔Ying Fang Hu〕映芳湖
9. Flower Washing Brook〔Huan Hua Xi〕浣花溪
10. Medicinal Garden〔Cai Yao Pu〕采药圃
11. Clear and Transcendent〔Qing Yue Tai〕清越台
12. Court of Assembled Worthies〔Ji Xian Yuan〕集贤园
13. Flowery Brush Library〔Bi Hua Shu Fang〕笔花书房
14. Studio for Lodging the Mind〔Yu Yi Zhai〕寓意斋
15. Pavilion Encircled by Jade〔Huan Cui Ge〕環翠閣
16. Lingering Clouds Peak〔Liu Yun Xiu〕留云岫
17. Waveless Boat〔Bu Bo Xiao Ting〕不波小艇
18. Patching Up the Sky〔Bu Tian〕补天
19. Verdant Microcosm〔Cui Ling Long〕翠玲珑
20. Single Leaf Pavilion〔Yi Ye Ting〕一叶亭
21. World in a Wine Pot〔Hu Tian〕壶天
22. Cloudy Forest Court〔Yun Lin Yuan〕云林院
23. Stargazing Tower〔Wang Xing Lou〕望星楼
24. Pavilion for Washing Away Thoughts〔Di Lu Ting〕涤虑亭

⊕ Restrooms
⊕ Drinking fountain
⊕ Food and drinks

三、流芳园的作用

对于不同的受众，流芳园起到不同的作用。它不仅影响南加州地区，还在比较广泛的艺术界和学术界都扮演着重要的角色。这些作用也使得流芳园跟传统苏州园林有所区分。

1. 当地社会的作用

首先，汉庭顿是一个教育性的文化机构，所以我们经常会组织一些文化方面的活动，包括每周开展由中国传统乐器独奏的音乐会、昆曲演出、春节和中秋节的活动等。小学、中学的学生也经常来体验流芳园，我自己也指导志愿者的培训班，还为本地大学教园林史的课。通过这种活动，大众就有机会了解中国传统文化的不同方面。另一边，汉庭顿又有不少会员，有的每天都来园林里散步，周末还会带小孩子听故事、下围棋等。特别是对本地华人来讲，流芳园已经变成生活中不可缺少的一部分。其实流芳园的建造费用都是私人、公司和基金会捐赠的。

2. 艺术界的作用

中国园林文化是一个活生生的文化，它不局限于古代，而是一直在发展之中。考虑到这一点，汉庭顿就希望游客在流芳园一边能了解到古代中国园林文化，一边能有机会意识到园林文化的灵活性。从2014年开始，程氏家族基金会帮助汉庭顿启动了一个驻园艺术家项目，每年园长都会邀请一位艺术家来流芳园找灵感、创作新的作品。艺术家以不同的媒

图5 流芳园总平面图
图6 木工匠师，苏州园林发展公司，2019年［杰米·范（Jamie Pham）摄］

图7 落英苑——流芳园内最古老的栎树（埃里克·阿兰 摄）
图8 清越台——匾额：华人德题，楹联：袁志锺题（笔者自摄）

介进行创作，包括音乐、戏剧、绘画、录像等。2018年著名剧作家赖声川把《牡丹亭》的故事转写成一个场所特定的戏剧，每一节都在流芳园内的不同亭子演出，他甚至把故事分成两段，一段发生于明代苏州，另一段发生在20世纪初的加州（图9）。2019年~2020年，洛杉矶本地当代艺术家唐庆年用录像、摄影、绘画、书法，创作了一件视频艺术品，形式上类似于可以动的水墨画，著名琵琶家吴蛮为它配乐，10月份在网上首次播放（图10）。

通过这种项目，我们试图保证传统中国园林能够一直充满艺术的精神和灵活性。据我所知，这个驻园艺术家的项目比较独特，其他古典园林很少有。我个人很希望更多的园林可以考虑怎么把园林艺术和当代艺术结合起来，使得两方面能够同步发展。

3. 学术界的作用

流芳园也进行各种不同学术方面的活动。从2005年起，汉庭顿就开始举办一系列的讲座，每年都会邀请6位或8位学者来谈东亚园林的历史、设计、植物等，每两年也会举办会议来专门探索某个题目，比如文人之外的园林、野生植物的观赏化等。2014年汉庭顿创立了东亚园林艺术研究所，这是美国唯一一个专门研究东亚园林艺术的机构。现在主要举办活动，开始收集中文、日文和英文的书籍，我和我的同事们也经常发表文章，并且我们即将启动一个研究基金项目。

从2021年8月起，在流芳园内也将举办展览。第三期工期包含一座艺术展览厅，以后便可在"寓意斋"展出中国古代和现代的作品。首次展览为"书苑——流芳园典藏书法作品展"，以园内的匾联书法为主，未来希望有更多机会与中国的博物馆、美术馆和其他文化机构合作，给美国的大众提供了解中华文化之美的机会。

四、小结

建造一座园林是非常复杂的事情，园主必须调和自然和人意，摄入艺术感情。而建造一个源于另一个气候、时代、文化的园林是更复杂的事了。但这种文化移植具有非常重要的意义，不仅能够使当地的受众了解陌生的文化，又可以使原地的居民以新的眼光欣赏、思考自己所熟悉的做法、思想等。流芳园现在吸引不少来自中国的游客和学者，比如今天的主持人刘珊珊老师也曾经光临。在很多方面，流芳园已经变成一个国际交流中心。非常希望将来能有更多的机会与关注中国园林文化的中国学者、艺术家、建筑师合作，使美国和中国学术界与艺术界同步发展，对各自的文化有新的认识。

图9　赖声川《游园、流芳》2018年 [拉斐尔·赫尔南德斯（Rafael Hernandez）摄，加州艺术学院新表深中心（CalArts Center for New Performance）提供]

图10　唐庆年《汉庭溢彩雅园流芳》2020年

中国对美国建筑和景观的影响

| 张波（美国俄克拉荷马州立大学副教授，北京交通大学讲座教授，哈尔滨工业大学兼职教授）

我今天讨论中国元素对美国建筑和园林的影响。大家知道，18世纪中国元素对于欧洲园林的影响，于我们今天要讲的美国而言，地理位置不同，时间也要早上一个世纪。陈寿颐先生曾经说过，中国园林对于欧洲的影响，是东西方文化交流史上最富有隽味的事件。《弗莱彻建筑史》中的"建筑之树"将中国视作西方主体建筑文明的一个旁枝，主体则是欧洲从希腊到罗马，从哥特式到复兴式等进行变迁。从主干到旁枝意味着跨越地理、材料、工艺、语言、种族的种种因素而形成的相互独立的建筑文化，相互交流并不容易。因此，能够发生交流更显得珍贵。在17世纪中期到18世纪中期，中国对欧洲的影响肇始于贸易。欧洲人从接受中国的货物（如丝绸、茶叶、瓷器），到接受中国的装饰（如墙纸、漆器、家具），再到建设和中国品位相关的环境（园林和构筑物），是十分难得的过程。

欧洲"中国风"的园林和建筑遗产包括两方面。第一，诸多"中国风"留存实例。欧洲史家将这些与中国原型相似，但是又充满了扭曲的创造称为"中国风"（chinoiserie）。和中国学者不同，有欧洲史家认为"中国风"是一种欧洲自主的文化创造，是洛可可风潮中的一个旁支，只不过使用了中国元素的语汇（图1）。我和研究生一起做过普查，欧洲受到中国影响的遗存建筑构筑物和园林小品有200处左右。第二，英国的如画园林（picturesque landscape）也受到了"中国风"的影响。至于在多大程度上，英国的如画园林受到了中国的影响，多大程度上是自我创造，是一个争论不休的话题。

中国对于美国而言，是距离十分遥远的大陆。1492年，哥伦布受西班牙王室资助，发现美洲新大陆。哥伦布航海的本来目的是去寻找遥远东方的中国，只不过偶然发现了美洲大陆。1784年，美国建国后不久，就派遣了"中国皇后号"的商船，历经重洋来到中国广州的虎门，与中国展开了贸易。美国国父富兰克林（Benjamin Franklin）曾经对中国的农业文化十分钦佩，认为美国需要向中国学习农业技术，使土地丰饶，使人口变多。

之前的研究者也曾研究过早期贸易时期美国大陆上出现的中国元素，大概有十几个案例，主要分布在美国的港口，包括赛勒姆（Salem）、费城、纽波特（Newport）以及密西西比河河口的新奥尔良。这种影响可能来自中美贸易，但是其美学趣味完全是欧洲的"中国风"模样（图2）。原因大概是中国的出口商品按照欧洲人的美学胃口进行了订正，出口美国也延续了"中国风"风格；也有可能是美国人在接受中国的图像理想的情况下完全继承了欧洲"中国风"的建造方式。也就是说，在1860年以前，美国人对于中国这一美学概念的模仿和创造，主要来自欧洲人。

我们今天介绍的是，1860年以后，美国大陆上出现的中国元素的影响。其一，此前学者们较多地机械性地照搬了"政治经济决定论"的假设。有人认为，此时中国社会进入半封建半殖民地的阶段，当屡弱的中国越来越清楚地展现在

图1 花园鸟舍设计（1819年，大英博物馆藏）

图2 费城塔与迷宫花园（1828年，费城历史协会藏）

美国人面前的时候，中国文化的影响就淡然褪色，或者是为西方对日本文化产生兴趣和受到影响做了铺垫。陈志华先生曾经说过，中国园林和建筑是中国文化被欧洲人更加了解以后，即中国被武力征服，在欧洲人面前暴露出它的残弱和腐败之后才贬值的。其二，《排华法案》是现实的交流屏障。在1860年以后，大量中国贫苦失业农民来到美洲大陆淘金和修建铁路。连同两大洋的美国洲际铁路90%以上的劳动力是华工。华工十分勤劳肯干，愿意接受低工资，但他们有着独特的生活习惯，也不愿意和美国社会产生更广泛的社团接触。美国西部诸州将华工渲染为对美国社会的威胁。1882年，美国联邦通过了《排华法案》，禁止中国公民进入美国（仅商人和学生除外）。在这个基础上，中国对于美国究竟有没有建筑文化上的影响？

我的答案是，从1860年到1945年，中国元素对于美国园林和建筑的影响是广泛存在的。在近10年的研究中，我们收集了大概100个美国境内的建筑和园林案例。在多个基金会的慷慨资助下，我们在美国的各地进行考察主要的园林和建筑遗迹，查阅了主要的博物馆和图书馆、档案馆，对这些案例进行了初步的梳理。今天简要地从分布、途径、媒介和意义这四个方面介绍这一现象。

第一方面，中国元素案例广泛存在于美国社会的公共空间中。既有塔和亭等常见的园林构筑类型，也有院落、剧场、动物园、加油站等不常见的形式。塔的实例包括：芝加哥加菲尔德公园（Garfield Park）的塔（图3，如今已经不在了）、纽约长岛（Long Island）花卉公园（Floral Park）中的塔、巴尔的摩（Baltimore）帕特森公园的塔以及特拉华（Delaware）的塔。我们看到有的塔形象奇怪，或者是尴尬笨拙，这实际上是美国想象和从欧洲继承的结果。

亭子的形式出现在公共空间和私家花园中。公园中的亭子包括在印第安纳波利斯（Indianapolis）、纽约（New York）、圣路易斯（St. Louis）和巴尔的摩等地（图4、图5），我们还可以看到专门的设计图纸。私园包括华盛顿特区的丹巴顿橡树园（Dumbarton Oaks）、马萨诸塞、罗德岛和纽约等。其中一些和中国建筑十分接近，另一些又是"中国风"（chinoiserie）的感觉。

动物园里面也发现了不少构筑物。比如说在皮奥里亚（Peoria）动物园的松鼠屋（图6，如今已经不在了）、辛辛那提（Cincinnati）动物园的7幢鸟舍（现在仅仅留下来一座）、波士顿（Boston）的富兰克林动物园（Franklin Zoo）等。

除了上述的几个类型以外，我们还可以看到其他更实用的类型，比如说工业建筑、演艺建筑、度假村，甚至在加油站的建筑中，都可以看到这个时期中国建筑的影响。

1860年到1945年间，中国元素影响的范围比起1860年之前大大增强了，美国东部和中西部的主要城市都受到了影响。但是，南方和西部的城市受影响的比较少；主要因为《排华法案》的影响。1945年至1972年尼克松总统访华期间，中

图3 芝加哥加菲尔德公园的塔（作者藏）
图4 印第安纳波利斯加菲尔德公园的塔（作者藏）

国和美国长时间隔绝。20 世纪 80 年代以后出现了更多从中国输出的原真性的中式花园，这些出口花园的内容大家想必有所耳闻。

总结来说，1860 年到 1945 年间，与中国元素对欧洲的影响对比，中国元素对美国的影响范围扩张了：不仅是在欧洲常见的贵族花园里可以看到中式构筑物，在美国的动物园、公园和公共建筑中，也可以看到这样的构筑物。除了中式建筑的形式以外，云墙、月门、瓶形门这些形式也出现了。比起在欧洲的影响，我们看到对美国的影响，不仅有欧式"中国风"这种似是而非的形式，也可以看到原真度十分高的形式。加上美国当时处于工业化转型时期的建造方式，塔的层数、规模比欧洲也高得多。我们刚才看到的实例中，出现了很多用铸铁材料建造的建筑，打下了美国风格的烙印。

第二方面，中国对美国产生影响的可能途径。1858 年，中美签订《天津条约》。《天津条约》是不平等条约，事实也为美国人持护照在中国合法的居留、旅行、学中文等正当权益实现了法理上的基础。美国人在中国大地上对中国建筑文化和社会的接触可能极大地加强了。

全球交通联系在这个时期极大地进步了。1784 年，中国皇后号从纽约到中国，需要穿越好望角，经过东南亚地区来到广州虎门。而到 1870 年左右，美国太平洋铁路贯穿，苏伊士运河开通。环球旅行的线路成为现实，从纽约到达伦敦，然后过苏伊士运河到达印度，穿过马六甲海峡到达中国香港、北京、日本，然后从旧金山上岸，坐火车到纽约，形成了一条经典的环球旅行路线。法国科幻小说家凡尔纳的《环球旅行八十天》里描述过这条路线，其也成为当时美国上流社会"看世界"的一条主要路线。建筑园林文化不仅是图像，更是材料和建造工艺，实地观看获得的文化冲击更强，获得的建造信息也更多。以下说三个实例。

实例之一，1910 年前后，阿尔瓦·贝尔蒙特（Alva Belmont，美国重要的女权主义者）想修一个中式小建筑，就派她的建筑师——Hunt 兄弟事务所（Hunt& Hunt Architects）通过环球旅行路线来到了中国。这个于 1915 年修建的建筑和中国南方建筑具有高度的相似性（图 7）。从 1916 年《建筑实录》（Architectural Record）上的文章可以看出，当时 Hunt 兄弟事务所在对中国建筑的了解、测绘已经达到令人信服的高度。他们不仅设计出 5 个方案进行相互比对，甚至还能够依照中国画的审美趣味进行建筑透视图的渲染，这比中国营造学社的正式活动早了约 20 年。

实例之二，约翰·D. 洛克菲勒（John David Rockefeller）为中国捐赠了世界先进的协和医学院。有意思的是，这是外国建筑师依照中国风格在中国设计的。1921 年开幕时，洛克菲勒先生来到中国参加了盛大的开幕典礼，他也是顺着环球旅行路线来到中国。平常人旅行后可能会将明信片和照片带回，洛克菲勒先生为中国人民捐赠了 750 万美元修建协和医学院，他带走了一系列的东方艺术品，包括韩国的石像、中国的碑

图 5　圣路易斯塔尔格罗夫公园小亭（作者 摄）
图 6　皮奥里亚（Peoria）动物园（作者藏）

刻和佛像。这促成他在缅因修建了一个东方主题的花园(图8),我们可以看到有一些中式的月门和小构筑物。

实例之三是瑙姆科吉庄园(Naumkeag)。学过景观史的同学就会知道这座园林中在现代景观史上知名的蓝色大台阶,由弗莱彻·斯蒂尔(Fletcher Steele)设计。同一个园林里还隐藏着一个优秀的中国庭园(图9),园林女主人梅布尔·乔特(Mabel Choate)是一个东方主义者,有很多东方收藏。为了使她的明代的石刻有更好的室外展示环境,她决定让景观师弗莱彻·斯蒂尔(Fletcher Steele)设计一个中国花园。

他们两人都曾经顺着世界之旅的路线来到中国,庭院完成度极高。当1936年接近完成的时候,最大的问题是缺少中国的琉璃瓦,女主人梅布尔·乔特费了九牛二虎之力,找到了美国的驻华人员,到北京的琉璃渠村(此村现存)去寻找中国的琉璃瓦。档案显示,当时琉璃渠村已经有英文的产品介绍和设计图纸供选择了。1937年卢沟桥事变,北京局势紧张,更是为材料的运输增加了变数。经过一番挣扎,琉璃瓦终于顺利地运到了美国,铺设方法也经由摄影传授过去,园林终于完成。《排华法案》造成了中国工艺的屏蔽,在美国建造中国园林是多么艰难,从完成实施也可以看到花园主人对于中国风格的执着和沉醉。

美国这个时期建造的具有原真性的园林和建筑,都是通过美国业主或者建筑师来到中国,自主学习和测绘完成,设计的原真性有很大的提高。同时,他们对于中国园林的了解

也十分有限,旅游是体验式的而不是研究式的。没有机会去接触中国南方优秀的私家园林,这也导致对于美国园林的影响仍然局限在小型的构筑物和庭院上面,而没有吸收叠石理水那些复杂深刻的中国园林设计技法。

第三方面,出版物促进了中国园林对于美国的影响,特别是恩斯特·鲍希曼(Ernst Boerschmann)的《测绘调查图册》(Chinesische Architektur,Berlin:Wasmuth Verlag.1925)。这位德国人在19世纪末义和团刚刚结束的时候就在北京,拍摄了大量北京、浙江、四川等地方建筑的照片并绘制测绘图,积极出版这些图册。这类测绘图并不是完全意义的实测,梁思成先生他们是看不起的。德文版的《中国建筑》在1925年出版以后,受到了实践建筑师的重视。

刚才讲的瑙姆科吉庄园(Naumkeag)的门的设计,从设计图纸可以看到,写明是来自恩斯特·鲍希曼书第一卷第149号图板。1926年落成的西雅图第五大道的剧院,其内装所采用的中式风格,也受到了鲍希曼著作的极大帮助和影响。当然这个设计师也去过中国,也是根据世界之旅的路线去的。

第四方面,我们如何去重新认识中国现代建筑史。中国现代建筑史可以大概分成中国营造学社介入之前和之后两个部分。梁思成先生曾经对外国建筑师的中国建筑设计是不以为然的,他在1935年《建筑设计参考图集》的序中写道:"对于中国建筑趣味精神浓淡不同,设计的优劣不等,但他们的通病则全在于对于中国建筑权衡结构缺乏基本的认识。"他特

图7 纽波特(Newport)中国茶室(作者藏)

图8 艾比·奥尔德里奇·洛克菲勒花园

别所指的是我刚才提到的 1921 年落成的北京协和医学院和医院（何士设计），还包括亨利·墨菲（Henry Murphy）和开尔斯（F.H.Kales）等人。亨利·墨菲自 1914 年的长沙湘雅医学院开始，陆续完成了金陵大学、燕京大学等项目，这些项目充满了对中国建筑的原真比例、尺度、构造的理解，十分难得。作为受西方古典主义建筑教育的职业建筑师，他们中国实践的设计原型是从哪里来的？

杰弗里·科迪（Jeffrey Cody）在《中国建造》（building in China）一书中试图解释亨利·墨菲对中国的理解——亨利·墨菲以"适应性建筑"（adaptive architecture）思想来设计中国建筑。如果把目光放回美国，美国建筑师在中国进行实践之前，在美国已经有一些受东方元素影响的建筑出现。比如，1890 年的巴尔的摩（Baltimore）的铸铁塔，还有 1912 年落成的波士顿富兰克林动物园鸟舍（图 10），这些建筑可能为他们

在中国的实践树立了现代性和东方性相结合的典范。我们需要更加具体地进行探讨，但是从时间上来说，1890 年远远早于他们 1910 年在中国实践开展的时间。

总体来说，中国元素对于美国园林和建筑的影响是真实存在的。在 1860 年到 1945 年之间，美国从农业国变成了世界强国，而中国经历着百年的痛苦和挣扎。在这个过程中，中国建筑园林元素在美国的公共空间中出现，比较好地适应了美国社会对于建筑和室外空间多样性的需要。西方的潜在客户和建筑师来到中国，发现了中国建筑和园林的美妙，并把它们在美国从图纸变成了现实。而这样一个过程启发着我们对于东方和西方文化交流、从文字到图像再到建造的复杂性认识，同时也影响着我们对于文化交流的不断反馈和相互补充的认识。

图 9 瑞姆科吉庄园中的中国园
图 10 波士顿富兰克林动物园鸟舍
（作者 摄）

中国建筑的规矩方圆之道——兼与西方的黄金分割比较

王南（清华大学建筑学院讲师）

"云园史论雅集"这个题目我非常喜欢。虽然我们今天用互联网的现代科技在线上进行雅集,但我要和大家分享的是中国古代匠人古老的建筑智慧,我把它们总结为"规矩方圆之道"(图1)。

这张封面上的三幅图,从右往左依次是《周髀算经》插图、东汉武梁祠所在的武氏墓地出土的画像和北宋《营造法式》插图,这三张重要的图示都指向"规矩方圆之道"。中间图示中,伏羲手持矩、女娲手持规,两侧的这些"圆方图""方圆图"就像是他们画成的一样。

今天我要跟大家分享的主题正是"规矩方圆之道",这是我近些年来始终所思所想之事,也出版了相关著作《规矩方圆 天地之和——中国古代都城、建筑群与单体建筑之构图比例研究》。我常常在思考古代匠人设计的秘诀究竟是什么?若是把范仲淹的名句改为"予尝求古匠人之心",便可以来形容我做学问的心情。

我的研究结论就目前为止,用《周髀算经》的这段话来概括最为贴切——"数之法出于圆方。圆出于方,方出于矩,矩出于九九八十一。万物周事而圆方用焉,大匠造制而规矩设焉。"这段话表明了规矩方圆的数学比例,也印证了规矩方圆是古代大匠进行城市规划和建筑设计的基本制度。这项研究用现代建筑学或者现代研究建筑史的语言来说,很大程度上是对建筑的构图比例的研究。

今天在美院进行有关比例研究的讲座,这里比例当然也牵涉到美。早在林徽因给梁思成的《清式营造则例》撰写的"绪论"中便指出:"至于论建筑上的美,浅而易见的,当然是其轮廓、色彩、材质等,但美的大部分精神所在,却蕴于其权衡中。"当年他们习惯于把"比例"这个词用"权衡"来指代。然后,林徽因又提到建筑之美当中的"增一分则太长,减一分则太短"的玄妙。这种玄妙之处事实上便是我现在做的研究,即对美的比例的定量研究。

这项研究之所以可以水到渠成,也是源于不竭的灵感和不断的积累。我很幸运有个灵感大爆发的时刻,那是在测绘北京正觉寺金刚宝座塔的时候(图2)。在精确测绘了这座塔以后,我们意外地发现塔的高宽比是7:5,接近$\sqrt{2}$比例;而塔下部的金刚宝座高宽比是3:5,接近西方的黄金比(0.618)。这段经历之后,我就特别重视建筑整体的构图比例,最终促成了这项研究的发现。

下面我们先简要回顾一下学术史上前人所做的贡献。

首先当然是从以梁思成、林徽因为代表的中国营造学社开始,他们当时通过研究《营造法式》中"以材为祖"的原则,即木结构建筑以"材"为基本模度进行设计,并且把这一原则同他们在美国宾夕法尼亚大学所学习的西方古典建筑中的Order(今译"柱式"),即以柱径为模度设计整座古典建筑进行了类比——这是当年以梁思成为代表的学者们对中西方建筑史研究的一项非常重要的贡献。

林徽因也在《清式营造则例》的"绪论"里进一步总结

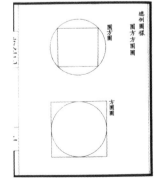

图1 规矩方圆之道

出宋代的"材""栔"、清代的"斗口"和西方的以柱径为模度的 Order，其实是完全相通的。林徽因把带有斗栱的构架，称作"中国建筑真髓所在"。这是梁林时代对建筑比例，尤其是整体和局部之间比例关系的一个重要结论。

他们的学生陈明达开始对建筑整体，特别是以应县木塔为代表的整座建筑浑身上下的比例关系开始了探索，开创了中国古建筑比例研究的新范式，为之后的工作起到了非常好的引领作用。

王贵祥有一个里程碑式的发现，在唐宋建筑的檐高和柱高当中发现了大量的 $\sqrt{2}$ 比例关系，并且他已经把这种比例关系和中国古人对"天圆地方"的认识联系到一起。

来自考古界的回应，是冯时对 5000 年前的辽宁牛河梁红山文化（新石器时代）的"圆丘"的研究。冯时敏锐地指出牛河梁"圆丘"三环石坛的三环直径之比是 $1 : \sqrt{2} : 2$，换句话说，就是每两圈之间的比例关系都是 $1 : \sqrt{2}$，这样就把 $\sqrt{2}$ 比例的应用年代一直推到了 5000 年前。

张十庆则发现《营造法式》的"足材"为 21 分，和"单材"15 分相比较，也形成"方五斜七"或者 $1 : \sqrt{2}$ 的关系。这样一来，以往学者既在建筑整体的比例方面，也在"材""栔"的微观比例方面找到了 $1 : \sqrt{2}$ 的比例关系。

建筑史学者们对于中国建筑的比例关系的研究，还有另外一条线索。

首先是王其亨通过研究"样式雷"的图档，发现大量的

建筑群用 10 丈网格构图，即总平面在 10 丈网格的控制当中，王其亨先生也把它和风水"形势宗"的所谓"百尺为形，千尺为势"联系到一起。

在上述发现的启发下，傅熹年做了一个非常伟大的尝试，从城市规划到建筑群布局，再到单体建筑设计，把整丈数的网格铺满能找到的所有测绘图，发现其中统一的构图规律——中国古代从城市规划到建筑单体设计都大量运用"模数网格"来进行设计。

另外，王树声在唐长安的总平面图中发现了三个相似形，从都城到皇城再到宫城，都是一种特殊的形状——即内部包含等边三角形的矩形，他第一次在建筑史的研究提出这一构图比例。后来张杰在此基础上做了发挥。

在前人研究的基础上，我所做的最新研究得出如下结论：中国古代从城市规划到建筑群布局再到单体建筑的设计（实例包括上下五千年、20 多个省的近 500 例各种类型的古建筑），都大量运用两种基本构图比例：一是 $\sqrt{2}$ 比例，实际上就是正方形的对角线和边长之比，是方圆作图的基本比例；另一个是内含等边三角形矩形的宽长比即 $\sqrt{3}/2$，它也可以用简单的方圆作图得到（图3）。

上面两种比例都是无理数，古代匠人未必有无理数的概念。古代匠人在运用这些比例关系时把它们简化为一系列的整数比，比如说 $1 : \sqrt{2}$ 比例转化为 5 : 7 或者 7 : 10，口诀叫"方五斜七"或"方七斜十"；同样，$\sqrt{3}/2$ 比例转化为

图2　北京正觉寺金刚宝座塔正立面分析图，底图来源：王南、王军、贺从容、司薇、孙广懿、王希尧、池旭、蔡安平测绘

图3　方圆作图基本比例——$\sqrt{2}$ 与 $\sqrt{3}/2$

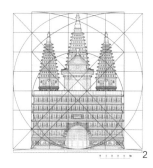

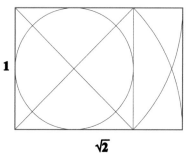

1　　**√2**

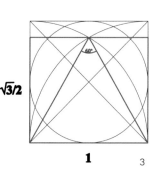

√3/2　　**1**

6∶7 或者 7∶8。这么一来，运用方圆作图的这些比例关系，便可以和整数丈尺的"模数网格"无缝衔接、并行不悖。故此前人对中国古建筑比例的两个研究的方向在此交汇，被统一成一件事情。

其实李诚在《营造法式》里曾经详细讨论过这件事情，他其实并不赞同匠人的"方五斜七"这一过于粗略的算法，所以他给出他所谓的"密律"：$\sqrt{2}$ 比例他用 141∶100 来表示，$\sqrt{3}$/2 比例他用 87∶100 来表示。

以上是这项研究最基本的原理。下面从我分析的将近 500 个的案例中，选取一些最具代表性的实例向大家展示。

首先来看都城、宫殿这一尺度的案例：汉长安及未央宫。

未央宫被东西、南北干道分割成不对称的格局。班固描述其规划设计的原则是"法象乎天地，经纬乎阴阳"。如果用上文所述的比例关系来分析未央宫的平面布局，其实很简洁：未央宫的平面实际上是由一大一小两个正方形和两个等大的 $\sqrt{2}$ 矩形所组成。

再看汉长安城。汉长安城的总平面历来被学者认为是一个不规则的形状——但它其实是未央宫平面布局手法的延续：未央宫所在的街区是一个 $\sqrt{2}$ 矩形，用它和一个正方形就能组合出更大的形状，最后整个汉长安城的平面统合在一个接近正方形的区域里。所以我们可以得出结论：即汉长安城其实是从未央宫的布局手法演绎而来的。

再来观察王莽时期汉长安南郊的礼制建筑，有的考古学者或者建筑学者称其为明堂，有的称其为辟雍。从对其平面的几何分析中可知：它的平面设计用了红色的一套 $\sqrt{2}$ 比例，又用了蓝色的一套 $\sqrt{2}$ 比例，图中一圈一圈由内向外发散的方圆作图，同 5000 年前的红山牛河梁圜丘可谓一脉相承。

很多汉代墓葬中的石阙、石祠也都运用了这套构图比例。比如山东孝堂山的汉代石祠，它的平面和立面与未央宫、汉长安城的构图手法异曲同工。还有大家很熟悉的汉阙之王——雅安的高颐阙，即使造型如此复杂的"子母阙"，实际上还是运用以上比例关系：母阙是个正方形，子阙边长是它的 1/$\sqrt{2}$，然后运用这种构图反复进行方圆作图，最后形成了它优美的造型。

再来看艺术史上大名鼎鼎的武梁祠，也是一个经典的运用方圆比例的代表。经过学者的测量和复原以后，可以发现其正立面、平面的面宽和进深都存在 1∶$\sqrt{2}$ 比例。不仅如此，更著名的是刻在它室内三面墙壁的画像，画像石的划分也有清楚的几何比例，把它的装饰带和它的画像进行了仔细的划分。所以武梁祠自身的比例和它所携带的画像（伏羲女娲图），都是诠释中国建筑规矩方圆之道的经典案例。

上面列举的实例都是汉代的情况：从占地 36km² 的汉长安城，到只有 2 米多高的武梁祠，中国古代匠人都运用了相似的构图手法，这是十分惊人的！

其实每个朝代都是这样的情况，其中集大成者当数明清北京城（图 4）。我们先看北京城的层面，其内城的面宽和中轴线长度为$\sqrt{2}$：1关系；再观察紫禁城的平面，大大小小的建筑群里面大量运用方圆作图比例关系；再到单体建筑的层面，中轴线上从永定门一直到钟楼的所有这些重要建筑，无一例外地使用了$\sqrt{2}$比例或者$\sqrt{3}/2$比例进行构图。

谈论了很多皇家建筑的实例，再来举例说明民居的情况。

我举两个经典的民居类型。第一个是徽州民居：潜口的方文泰宅是徽州珍贵的明代民居，其总平面中，后堂是一个$\sqrt{2}$矩形，前厅加上天井是个正方形，依然是从未央宫一脉相承的构图比例。这座民居其实可以看作是徽州民居的"标准器"，其余的徽州民居大多由它增减缩放得来，它身上携带的这些方圆构图比例也就得到了千变万化的运用。

第二个类型是福建的土楼。从土楼中的圆楼、方楼本身就可以看出方圆的关系。从土楼之王——承启楼的平面中可以看出，外围一圈一圈向里收缩，直至"祖堂"，这些圆圈之间全部都是$\sqrt{2}$比例关系，所以这相当于牛河梁圜丘的清代版本。

我们今天的论坛是园林主题。中国古代园林的平面布局那么自由，难道也在几何的控制当中吗？答案是肯定的。

下面来看我非常珍视的圆明园的案例（图5）。它的重要性在于，我研究分析所用的底图不再是现代人的测绘图，而是"样式雷"绘制的总平面图。大家首先可以看到总平面图上有淡淡的墨线网格，这就是10丈网格（王其亨先生早已发现"样式雷"的大量图样中有10丈网格），这些网格控制了雍正时期圆明园所有主要建筑群的位置。仔细数这些网格，包括核

查具体的尺寸数据，就会惊人地发现：整个雍正时期的圆明园总平面是在一个完美的$\sqrt{2}$矩形控制当中。

不但如此，福海区域又是在一个小$\sqrt{2}$矩形控制之中。剩下的以九州清晏为中心的区域是个内含等边三角形的$\sqrt{3}/2$矩形。以大$\sqrt{2}$矩形短边为边长画一正方形，其中线正好经过"正大光明""九州清晏"一线，即圆明园的中轴线。所以圆明园是非常典型的同时使用了方圆构图比例和10丈网格进行总平面布局的经典案例。

我们再来看乾隆时期扩建长春园之后的圆明园实测图（CAD文件）。我们可以看到乾隆时期的长春园平面是个正方形，而且它的边长是原来圆明园大$\sqrt{2}$矩形短边的$1/\sqrt{2}$，并且对应了整个旧圆明园的核心景区，整个新扩建的长春园像是以福海三岛为中心，把旧圆明园的核心景区给"镜像"过来了一样——而且"镜像"体现在两个层面上：一是过去周维权先生就指出旧圆明园是一种水环岛的格局，就是用水来环抱众多的岛屿；二是长春园采取了岛环水的格局，用细细的岛来环各种大大小小的水面；所以长春园与旧圆明园在构图上不仅有比例还有虚实的"镜像"关系，可见乾隆时期的扩建依然是非常精妙的。

大家可能会想，南方那么自由的私家园林也是这样吗？答案依然还是肯定的。我举一个私家园林的经典案例——扬州的个园（图6）。它以春夏秋冬假山闻名天下，可是我们这里要说的是它的$\sqrt{2}$构图比例。个园前部的宅院平面是规整的

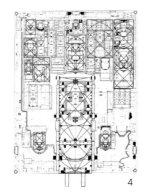

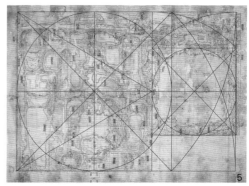

图4　紫禁城总平面分析图

图5　圆明园样式雷总平面图分析，底图来源：《圆明园河道泊岸总平面图》（中国国家图书馆善本部藏，样式雷排架043-1号；引自《圆明园的"记忆遗产"——样式房图档》，2010）

4

5

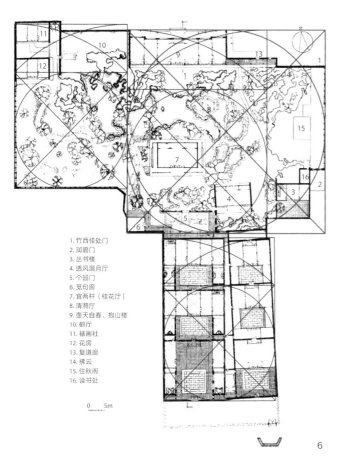

1. 竹西佳处门
2. 润碧门
3. 丛书楼
4. 透风漏月厅
5. 个园门
6. 觅句廊
7. 宜雨轩（桂花厅）
8. 清漪厅
9. 壶天自春·抱山楼
10. 鹤厅
11. 裱画社
12. 花房
13. 复道廊
14. 拂云
15. 住秋阁
16. 读书处

0   5m

6

图6　扬州个园总平面分析图，底图来源：《扬州园林》（2007）

$\sqrt{2}$比例，就像大量的南方民居一样。后部的园林分成了两个部分，中东部的主体在一个正方形的控制当中，西部的侧院是一个$\sqrt{2}$矩形。不仅如此，中部的主体实际上在东南角还有个转折，又把它分成了中部和东部两个部分，中部依然在一个$\sqrt{2}$矩形的控制当中。我们常说私家园林是"虽由人作，宛自天开"——可是实际上通过比例分析，我们发现它"虽似天开，实由人作"。只要是匠人参与工作，它的总平面布局里还是包含了精确的比例控制。

下面我们来看单体建筑的经典案例。

五台山佛光寺大殿的设计，不仅大殿自身的高宽比，用了精确的$\sqrt{2}$比例，而且更加惊人的发现是大殿里的塑像和大殿的空间之间也运用了方圆构图比例。实际上佛光寺大殿是以它中央主佛为基本的模度，反反复复地通过$\sqrt{2}$比例的运用，最终获得了大殿的明间宽度、大殿的总高和总宽等主要控制尺寸。所以可以说整个大殿是以大殿供奉的主佛为基本模度来设计的，可谓"度像构屋"的设计手法，就是以像为基本模度来构造整个大殿。

与此类似的还有蓟县独乐寺观音阁。它是为其中高近16m的观音像"量身定做"的：观音的高度与它所在的中庭的宽度是$\sqrt{2}$：1关系，同时整个观音阁的高度（二层平坐的总宽）等于观音像高度的$\sqrt{2}$倍。

再看登峰造极的应县木塔。应县木塔就像是把横长的佛光寺大殿旋转90°：塔的总高除以一层的直径（不包括副阶）

等于 $2\sqrt{2}$ ：1。同时在塔的总高的方向上，它的 $\sqrt{2}$ 的划分线在顶层的柱头。换句话说，就是顶层柱头以下为 1，如果加上整个塔顶和塔刹以后是 $\sqrt{2}$，获得优美的视觉比例。

深受中国古代建筑影响的日本，尤其它的木塔，跟我国也是异曲同工。比如在著名的奈良法隆寺五重塔中，我们可以看到：塔的总高除以塔刹以下的高度是 $\sqrt{2}$ 倍，日本现存的十多座经典的木塔，大多数都符合这一比例关系。中国木结构佛塔（尤其是楼阁式塔）的诞生曾经历了"上累金盘、下为重楼"这一过程，日本木塔的构图比例很好地呈现了这一特点。

日本两个最重要的都城平城京（今奈良）和平安京（今京都）都运用了内含等边三角形的矩形这一构图，其实和唐长安、洛阳是一脉相承的。

中国的元大都也延续了这一构图比例。不过元大都的设计更加精妙，它通过东西城墙上的城门和北城墙上的健德、安贞二门，又把大的图形分成了 12 个相似形，手法更加娴熟。

不仅是我们前面说的中国传统的都城或者木结构建筑，哪怕是石窟，依然运用了同样的手法。比如敦煌莫高窟著名的 254 窟，平面仍然是 $\sqrt{2}$ 矩形，然后其中的平顶下面的部分则是 $\sqrt{3}$ /2 矩形。再入云冈的 9、10 双窟，同样是运用"度像构窟"的手法——大佛顶天立地，以大佛的高度为模度，一个以大佛高度为边长的正方形构成"后室"，一个以大佛高度为长边的 $\sqrt{2}$ 矩形构成"前廊"。

我们美院的很多学生可能是文科生，对 $\sqrt{2}$ 不太熟悉。若要用 $\sqrt{2}$ 比例跟中国古代文学来做个对应，是很有趣的事情。我们知道古代诗词里五言、七言是最多的，所以几何上 7：5（$\sqrt{2}$ 的近似值）的韵律，其实就是"春花秋月何时了"（七言）与"往事知多少"（五言）的韵律关系。刚才还说过 $\sqrt{3}$ /2 的近似值是 6：7，这一韵律在宋词里也经常出现："大江东去浪淘尽"是七言，"千古风流人物"是六言。所以文科的同学可以根据诗词的韵律来体会中国古代这两种图形的美感。

对这项研究来说，证实以上发现的最重要的古代文献"证据"，是北宋《营造法式》的第一张插图："圆方方圆图"，此图其实是援引《周髀算经》中同样的插图——这些图示皆直接指明与印证了前面的所有发现。

这时我们再看和牛河梁红山文化一样早的良渚文化的玉琮，不直接就是"方圆图"吗？而仰韶文化陶盆的盆口不直接就画着"圆方图"吗？

和上述文字证据、实物证据同样重要的图像证据，其实就是山东武氏墓画像中的《伏羲女娲图》，伏羲、女娲二人一手执矩一手执规，规天矩地、规画天地。

有趣的是，伏羲手里拿的矩尺，直到今天日本的木工还在用，而且它已经进化成现在的钢尺了。这把尺子里暗藏玄机，尺子上侧这段刻度上头是正常的厘米，下侧是 $\sqrt{2}$ cm，$2\sqrt{2}$ cm……它上面还专门画了一个"圆方图"加以说明，和我们的《周髀算经》《营造法式》一脉相承。

下面我们看一下西方的情况。西方描绘中世纪建筑师的图像里，建筑师手拿一根很像中国古代"丈杆"的长棍，身旁画着一个矩尺和一个圆规。再看近代铜版画中的中世纪建筑师，手里拿着圆规和一本大书，书的封面上又是"圆方方圆图"——所以中西方在这方面是相通的。更有意思的是共济会的标志，也是一个圆规和一个矩尺，跟我们的《伏羲女娲图》异曲同工，据说过去也曾是石匠协会的标志。

实际上西方大名鼎鼎的黄金分割比例同样可以通过规矩作图得到。对比于西方的黄金分割比，我的好友王军先生给我发现的这些构图比例起了一个响当当的名字——"天地之和比"。

我们都认为中国古代匠师大量运用这种比例，是寄托我们"天圆地方"的宇宙观和追求天地和谐的文化观念。

西方很多学者对古希腊雅典帕提农神庙做了复原，认为它从整体到局部，反反复复在运用黄金分割比例。

达·芬奇也非常热爱黄金分割比，在其著名的手稿《维特鲁威人》当中，他实际上是把肚脐以下的高度和人的总高做了一个黄金分割比的设计。

现代建筑大师中，黄金分割比最忠实的信徒就是柯布西耶。首先，他在自己的建筑设计中大量践行这一比例；其次，他还基于黄金分割比例、斐波那契数列和一个 2：1 的矩形，发展出一整套"模度"体系，最后获得了一系列可以控制从城市规划到家具陈设的精彩的尺寸和比例关系。

今天柯布西耶已经成为一个经典历史人物，他的作品成为世界文化遗产。我跟很多建筑师朋友或者学生交流时，谈论到最崇拜的大师，很多人都会说是柯布，可我常常想：大家崇拜柯布，到底有没有走进柯布的心坎里呢？我觉得柯布其实是一个发自内心忠实于比例系统、热爱数学比例的人。

在《模度》这本书的最开始，他最先获得灵感的时刻是通过这么一个作图，即一个正方形向左做黄金分割作图，向右做边长 $\sqrt{2}$ 图（见图 3），这样就得到了一个接近 2：1 的矩形，其实就是 1.414+0.618 接近于 2，这是他的出发点。虽然柯布不断将"模度"提纯，没有再提及 $\sqrt{2}$ 比例，可是其出发点还是黄金分割比加 $\sqrt{2}$，这是很耐人寻味的。

早在柯布西耶《走向新建筑》的宣言里面，他已经探讨了有关建筑比例和模度的事情，我们可以把它和前面林徽因的那段话进行一个东西方的对照。两段话虽相差 10 多年，但讨论的事情真是惊人的一致，柯布说很原始的人就用模度、基准线（或控制线）进行设计，来满足艺术家的感觉和数学家的思维。他认为对建筑师来说，这些基准线把建筑提高到可感知的数学，甚至选择这些基准线的时刻是灵感的决定性时刻，这就是建筑美产生的原因。这段话和前面所引林徽因那段话真是"东西辉映"。

我不知道今天多少人在传承柯布的这套理想，他的信徒们有没有在践行他的"模度"思想，但我更关心的是我们中国古代匠师给我们留下的"规矩方圆之道"，这是一笔非常伟大的遗产，我们中国的建筑学者有没有仔细地学习它、研究它、甚至传承它和发扬它。

大地的智慧——中英传统园林的乡土呈现

侯晓蕾（中央美术学院建筑学院教授）

"风景"或者说是"自然",为人类提供了基本的栖身之所,是建构人类生存的根本。古罗马著名哲学家西塞罗提出了第一自然(First Nature)和第二自然(Second Nature)的概念[1],到了文艺复兴时期,园林作为第三自然(Third Nature)的概念开始出现:第一自然指原始的自然,是未经人类改造的自然;第二自然指农业的自然,是人类为了生产、生活改造的自然;第三自然则指永恒的自然,是以美学为导向的人类创造的风景,即各种风格的园林。一般认为,中国的传统园林模仿的是第一自然——原始的大好河山,原始的自然。西方园林则更多的是模仿第二自然——农业的自然[2]。中国传统园林和西方传统园林共同塑造了美学的自然,即第三自然——永恒的自然。通过比较分析可以看出,中国和英国的传统园林都具有一定的"乡土景观"的特点,尤其体现在中国的乡村园林和具有乡村田园特征的英国自然式风景园林上。两者更多是几层自然含义之间的交融,展现出乡村与园林交织的诗意山水环境。

一、中国乡村园林与英式自然风景园

中国的传统园林自古以来烙印在乡村的选址建设和自然生长之中,不但体现在大的山水环境堪舆上,还体现在传统园林理念对小环境的渗透上。乡土景观中的村落融合于山水环境之中,共同构建了一个乡土景观的园林系统,体现了乡村园林化的景象(图 1)。与此同时,宅院园林在乡村中也随处可见(图 2)。源于中国传统乡村的乡村园林化景象,不仅限于单个地方的呈现,更是一种乡土景观环境整体的呈现。乡村园林往往包括小、中、大三个层级,共同构成了乡村的园林系统。

相比之下,18 世纪的英式自然风景园(图 3)的场景整体上是非常乡村化的,其蓝本直接源于英国田园牧场的第二自然。在自然风景园中,我们往往可以看到起伏的地形、曲线的水体、自然的群落等乡村田园的风景要素。与此同时,在自然风景园中的隐垣(HA-HA)使得园林与周边的乡村田园形成一种无边界的处理手法,这正是园林融入乡村,即园林乡村化的一种表现。

二、中国乡村园林化

中国乡村园林根植于土地,呈现出传统园林与乡村自然系统相融合的景观营建模式,是园林系统化范式的体现,并且具有完整的景观生态系统。团队经过对多个村落组成(主要聚焦于中国东南片区的村落景观)的样本分析,得出中国乡村园林化 4 个方面的主要特征。

1. 根植于土地的乡土景观

中国的乡村园林是根植于土地的乡土景观,在山水环境的自然系统基底之上,融入了人类出于生产生活目的而改造的耕作系统,以及体现人文社会的聚落系统,共同叠加塑造了中国传统式乡村景观系统(图 4)。这个系统一方面叠加了

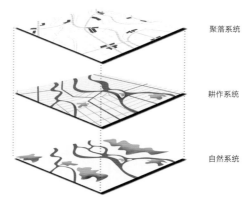

聚落系统

耕作系统

自然系统

图 1　乡土景观环境与乡村园林

图 2　中国传统乡村景观与中国传统山水园

图 3　18 世纪英式自然风景园与英国牧场田园自然景观

图 4　乡村景观系统

4

多样化的文化景观，另一方面烙印了以农耕为基础的乡土社会，加上包括交通系统、水利系统等的多元化组织的乡村基础设施，共同形成了一个大的景观系统[3]。

2. 自然形胜，风水同构

中国的乡村景观，一直在有形和无形之间体现着"自然形胜"和"风水同构"，构建出人居景观营建的传统模式，这种模式是家国同构的思想体现。无论是国家、州府、乡县还是家族，都具有风水同构的特征。在此特征之上，附加上仕人乡绅的规划参与等综合因素，进一步形成了融合布局于山水环境之间的"人与天调"的乡村园林景象。因此，中国的乡村景观与园林环境有着千丝万缕、互为烙印的关系，主要体现在自然环境与山水审美的关系、聚落人文空间的景观化模式，以及基础设施建设和景观的相互融合等方面。

3. 乡村园林系统化

乡村园林系统化的格局在许多中国乡村与园林大环境之间的关系中呈现。以皖南的西递村为例，它四周山体形态发育非常完善，数条山谷从盆地间向山系延伸，溪流穿越山谷而过，经过中间平坦地带形成了村落的选址。水系不但影响了整个村落的格局，也影响到了街巷的布局，与街巷或平行或垂直，形成了完整的街巷和水系的网络，能够看到逐水而居的意象（图5）。

1）传统村落的园林系统化范式

中国传统村落具有完整空间结构的园林系统化范式。从园林空间、园林布局以及园林系统化的角度去思考，可以分析得出村落园林系统化的范式。以皖南村落为例，一般由三部分形成，分别是外围的山水环境、水口和内部环境。从"西递八景"当地的图谱及地方志中（图6）可以看出，"西递八景"如中国诸多古村落一样，从大环境上塑造了一个"枕山、环水、面屏"的皖南人居布局模式。第一个园林系统的组成部分是"大环境"，通过外围山水环境作为它的园林体系；第二个园林体系的组成部分是"水口"（图7），"水口"是"一方众水所总出处也"，通常分为上水口、中水口和下水口，往往会形成水口园林。古人会在水口园林建塔、建庙、建桥和栽植水口林等。如今，西递村里面的建筑虽已不复存在，但周边的山水形胜、龟山蛇山依然清晰可见；园林体系的第三个组成部分是村落内部环境，沿着外围的水系往里输入的过程中，经过水口，进入村落内部。以宏村为例，进入村落内部的过程，形成了递进的园林体系，一方面有构成村落公共空间的园林，另一方面还有深入民宅的宅园园林，形成了"栉比鳞次，密密如织，楼台近水，倒影浮光"的景象。因此，宏村不仅有公共园林，而且水圳流经全村，形成"家家有清泉"的水院园林。[4]

据调研统计，在宏村一共有22处水院园林，居善堂园林是其中一处，通过村落的水圳，"流经水院，院内凿池，水圳引水，半亭倚墙临水，池北为墙，开有景窗"。居善堂园林（图8）占地面积不到100m²，经过水圳引水后，形成了一个在狭小空间里多层次的园林空间。院内有山有水、有亭有河，包含多

图5　西递村的景观环境

层次的处理，而且非常类似于苏州园林中的宅院和庭院之间的园林过渡处理手法。同时，水院各个层面的空间处理与中国的古典园林一般技艺高超。居善堂园林不若载入名册的中国古典园林般著名，但却让人联想到了网师园的竹外一枝轩。竹外一枝轩拐到射鸭廊，在转折的角落，可以看到很多空间转折多层次的相似性，以及内外空间关联的相似性。内外空间的关系、园林空间的组织、水池的界面以及空间的关系等都是深刻烙印在中国古典园林的建设和设计中各个角度的。

2）传统村落的生态系统

与此同时，中国的古村落往往会建立一个非常完整的生态系统，表现在 3 个方面。

第一方面是多功能的水利工程。以宏村为例，水系是由西溪、拦河坝、水圳、月沼、南湖和泄洪沟共同组成的一个高差不一的水质净化系统，具有蓄水、防范、灌溉、排洪、消防、洗涤、饮用等多种实用功能。同时建构了一个多层体系的环境容量，即古人所谓的地气，大地、中地等地气大小就是土地的环境容量。以西递村为例，先民在建村时有一个山水环境在周边界定的环境容量，当村落发展到一定程度，便不再像"摊大饼"般继续外扩，而是再找一些类似的风水同构、家国同构的环境，繁衍子村落，至此西递村繁衍出 70 多个子村落。所以环境容量的界定，真正实现了"天人合一，人与天调"的局面。[5]

伴随着多功能的水利工程，与水相关的水口园林比比皆

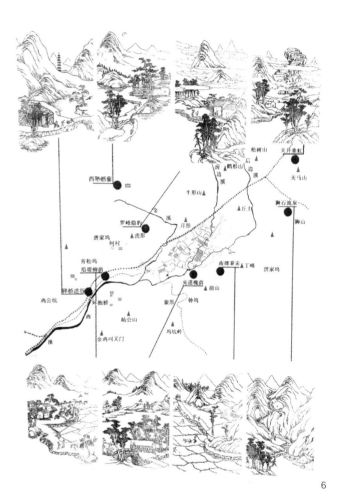

6

7

图 6　西递八景
图 7　村落水口

是。以桐庐深澳村的澳口为例，虽然村落古建筑已经荡然无存，但是村里作为公共空间的园林、水口还在；另如东南丘陵盆地的小灌区，整个大环境和小环境之间也发育得非常成熟；再以堰头村为例，仍然可以看到乡村园林化的体现。堰头村的水口园林，可以看到它的桥水建筑之间的关系，非常类似于沧浪亭的桥水建筑，堰头村桥和水系的关联性，包括村子入口空间的表象，能直接联想到沧浪亭的入口空间表象、桥水以及入口的空间关系（图9、图10）。

第二方面是水系维护的制度化。一套完整的水系维护制度才能够让人们真正地繁衍生息。为了保护水系并且与居民利益达到平衡，皖南古村落经常会发展出一套完整的水系维护制度，这是公共利益和私人利益平衡的结果，宗族法规的形式具有极高的权威性。以宏村为例，这套制度包含了众多内容，包括取水、用水和排污的相应规范和限制，以防止污染水源和破坏村落环境；严厉禁止雷岗山一带的林木砍伐；各房定期派人疏通水圳和清理月沼、南湖以及雷岗山防洪垒坝的维修等。《黟县宏村编年史卷》中便记载了清同治七年

（1868年）清淤工程的分工合作情况："四房族人汪隆恩、汪隆吉发起水圳疏淤泥，二房族人汪兴旦、汪隆其发起月沼清淤，下四房族人汪应其、五房碧砥、汪碧砥发起南湖清淤，工程颇大，分房施工，冬至前完工。"[5]

第三方面是村落的大环境意识，从这些大环境意识里可以窥探中国古人的园林观。在新叶村，可以看到非常典型的借景、透景的方式，空间的处理手法就是把我们园外之景借入园内，把村外之景借入村内，形成一个村落的大的园林。相似的例子小天竺，是非常典型的内外空间的关联、内外视线的关系、灰空间的处理以及花窗式透景的处理（图11）。另外，还有很多乡村园林里不同界面空间的处理，如东阳的乡村宅院非常清晰地让人联想到艺圃的空间，即园中园的空间。他们之间的对视和层次之间的关系是非常园林化的（图12）。[6]

4. 乡土特征的城乡园林渗透

在中国，家国同构是一种城乡园林渗透的方式，所以乡土特性还进一步延伸到了城市园林中以及郊野园林中。例如宁波的日月二湖，无论是古图还是现状实景照片，日月二湖

图8　宏村居善堂与竹外一枝轩、射鸭廊
图9　堰头村水口

图 10　沧浪亭入口

图 11　左三图为新叶村，右图为小天竺

图 12　左图东阳的乡村宅院，右图二图为艺圃

呈现出来的乡土花园的特征——圩浃花园,是周边乡村景观的呈现[7-9]。在《西湖全图》中看到很多景致,如"苏堤春晓""曲院风荷"和"花港观鱼"等都是乡村园林的展现,另有古湘湖图制、古鉴湖图以及圆明园整个的水系整理中,也可以看到园林跟乡土肌理的相似性。因此从根源上,园林和乡村具有非常强烈的相关性(图13)。[9]

三、英国园林乡村化

与中国乡村园林化展现出差异和共性并存的英式自然风景园,呈现的是一种本土的园林乡村化。英国园林并非都是我们熟知的"如画式"风格,它在历史各个时期具有不同风格。这些风格产生的根源是一种对于乡村和乡土田园牧场的写照,是英国一种本土自然主义的象征。在不同时期的风格中,英国园林的乡村化与中国传统园林经历了三次非真正交融式的碰撞[10]。

1. 萨拉瓦日风格与不规则式

第一个阶段,不规则式与萨拉瓦日风格的交融。对这一阶段影响非常大的人是威廉·坦普尔(William Temple)。坦普尔的莫尔园(Moor Garden)是非常典型的不规则式园林(图14),17世纪后期,是英国第一个有意设计了蜿蜒曲线的人工风景。这个时期,坦普尔等人受中国园林等不规则化等思想的影响,与英国本土的自然主义美学相结合迸发萨拉瓦日时期,即不规则化的时期。在这个时期受到影响的典型例

子还有17世纪始建的"放射线树林"(Wray Wood)在霍华德城堡(Park of the Castle Howard)的呈现和亨德斯凯夫小径(Henderskelf Lane)开启了"森林风格"(Forest Style),是规则式与自然式的结合与过渡,远方的水景与周边环境都可以看到这一类不规则化的呈现(图15)。这些都初步展现了乡土田园的特征。

2. 奥古斯都风格

到了源于大旅行和古代风景写照的奥古斯都风格时期,以斯托海德风景园(Stourhead)为例,它是规则式与自然式的结合。最初由亨利·霍尔二世(Henry Hoare Ⅱ)和亨利·弗利克洛弗特(Henry Flitcroft)设计,1745~1761年由布朗设计,斯托海德是园林最后的完成者。它是一个典型的以克劳德的绘画为蓝本设计的园林(图16),实际是模仿古代风景,但同样融入了牧场田园景观。这个时期和中国的造园思想没有碰撞。[11]

3. 浪漫主义风格

第二次碰撞是在浪漫主义风格时期——"蜿蜒式"风格时期,这个时期淋漓尽致地展现了英国乡土的自然、树林与湖泊。典型的代表就是斯陀园(图17),它经历了三代的景观设计师,其中布里奇曼(Charles Bridgeman,?-1738)的贡献就是"规则化园林",而肯特(William Kent,1686-1748)则第一个把中国屋运用到斯陀园,开拓了中英建筑之风的先河。这个时期中英有一些互相的影响,但是以布伦海姆(Blenheim Palace)为例(图18),还是英国本土的田园式写照,将乡村

图13 左为圩浃花园,右为《西湖全图》   图14 莫尔园(Moor Garden)

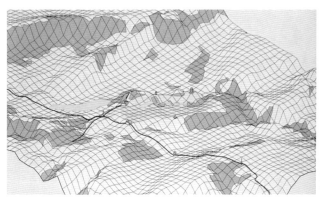

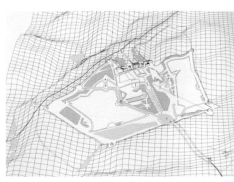

图 15 "放射线树林"（Wray Wood）

图 16 左为克劳德的画作，右为与此为蓝本设计的斯托海德园

图 17 斯陀园

谐仿至整个的园林中，同时用隐垣的无边界处理手法，与周边的乡村融为一体。

4. "如画式"风格

"如画式"风格时期，英国园林与中国园林未有直接的关联，更多的是探讨一种西方审美的绘画观。代表作是《豪客斯东》（Hawkstone）和《吉尔平》（William Gilpin）（图19），分为前景、中景和背景来共同塑造一个如画的景观，后来转化成花园式风格。

5. 混合式风格

中英园林思想的第三次碰撞是混合式风格，以折中主义作品为代表。建造于1740年之初，位于格拉斯特（Gloucester）的玛丽堡宫（Marybone House），据斯洛博达（Stacey Sloboda）考证，是英国园林中第一次出现中国风格的宝塔。托马斯·安生（Tomas Anson）在沙格堡（Shugborough）建造的园林囊括了亭子、希腊神庙、凯旋门等一系列中式、古风和哥特风格的点景建筑，代表中国的景观建造于1747～1752年，体现了英国园林对中国园林的碎片化截取（图20）[12]。这一时期重要的人物钱伯斯（William Chambers）在邱园塑造了很多中国风的建筑，但更多的是一些构筑的点，整体布局仍旧是英国式风景园，蓝本是乡土田园牧场景观。

四、总结

综上所述，中国传统园林映射在乡村环境中，形成了乡村园林化的场景。英国自然风景园则把乡村作为园林建设的蓝本，实现了园林乡村化的场景。中国的传统园林把园林思想融入乡村的规划建设，把乡村园林从外环境到内部空间构成完整的园林系统和生态系统，进一步影响到了城乡园林的互相渗透。英国的自然风景园在起始阶段受到了中国园林不规则式的思想启蒙和影响，但它的根源还是在于本土产生并发展的自然主义田园审美理论与实践，最后形成一个混合风格时期的情境化影响。中国传统乡村园林是根植于中国的乡土景观，乡村和园林进行了一个融合和系统化。而英国的自然风景园根植于英国本土的田园牧场，将中国园林表象片段化融入英国审美。中英传统园林虽然经历了不同的发展历程和风格演变，但是共同体现了传统园林与乡土景观之间的密切联系和相互影响，共同深刻反映了大地的智慧。

参考文献：

[1] 特纳. 世界园林史[M]. 林箐，等，译. 北京：中国林业出版社，2011.

[2] 王向荣，林箐. 自然的含义[J]. 城市环境设计，2013，71（5）：128-133.

[3] 侯晓蕾，郭巍. 场所与乡愁——风景园林视野中的乡土景观研究方法探析[J]. 城市发展研究，2015，04：80-85.

[4] 郭巍，侯晓蕾. 皖南古村落的水环境塑造——以西递、宏村为例[J]. 风景园林，2010（04）：102-105.

图18　布伦海姆风景园　　　　图19　左为《豪客斯东》，右为《吉尔平》

[5] 杨峰玉，高丽. 古村落景观建设的实践与思考——以皖南宏村、西递为例 [A]. Information Engineering Research Institute，USA.Proceedings of 2013 International Conference on Education and Teaching（ICET 2013）Volume 24[C].Information Engineering Research Institute，USA：Information Engineering Research Institute，2013：5.

[6] 唐文跃. 皖南古村落居民地方依恋特征分析——以西递、宏村、南屏为例 [J]. 人文地理，2011，26（03）：51-55.

[7] 陈从周. 说园 [M]. 上海：同济大学出版社，1986.

[8] 彭一刚. 中国古典园林分析 [M]. 北京：中国建筑工业出版社，1986.

[9] 周维权. 中国古典园林史 [M]. 北京：中国建筑工业出版社，1986：23-78.

[10] 李晓丹，武斌，成光晓. 英国自然风景园林与中国的渊源 [J]. 华中建筑，2011，29（08）：17-20.

[11] BUSHNELL REBECCA WELD. Green Desire：Imagining Early Modern English Gardens[M].Cornell University Press：2019.

[12] NICOLAS PIERRE BOILEAU，REBECCA WELSHMAN. 'Walled-in'：The Psychology of the English Garden in Virginia Woolf's Mrs Dalloway and Rachel Cusk's The Country Life[J]. Études Britanniques Contemporaines，2018，55.

（本文的插图为作者团队自摄或者自绘）

图 20　左为玛丽堡宫，右为在沙格堡建造的园林

东南亚视野下岭南庭园的空间结构与义理冥想

张力智 [哈尔滨工业大学（深圳）建筑学院助理教授]

我主要是做民居研究的，这个报告是我做民居研究的副产品。希望各位专家指正并共同推进后续研究。

今天讨论的对象是岭南园林，岭南园林因文献相对少，遗存相对片段，研究不温不火，重要著作特别突出。在这些著作中，对岭南园林的重要判断有二。

岭南园林常用几何形布局，尤其是几何形水池，这与我们惯常认识中的江南园林不同，大量运用轴线和几何形。一些学者认为其形态与外来文化有关，有人甚至会很明确地指出，它是欧洲近代园林影响的产物。譬如夏昌世、莫伯治在《岭南庭园》中指出："由于地理关系，岭南与海外的交通往来远在唐代已甚频繁，外来文化接触较早，在造园方面也受到一定的影响。……总平面也有吸取外来的布局手法，采用几何式图案、中轴线、对称的布局。"周维权在《中国古典园林》指出："余荫山房的总体布局很有特色，……水池的规整几何形状受到西方园林的影响。余荫山房的某些园林小品……运用西洋的做法也是明显的事实。"（图1、图2）

我的报告就从这种几何形的水池开始。这种几何形的水池在东南亚、南亚，甚至世界各地都是很普遍的（图3～图5），它们也不完全是欧洲近代殖民的产物。事实上这种方形水池在公元前2500年的印度河文明的摩亨佐达罗遗址里就很成规模。东南亚和南亚地区为何会有这么多几何形水池呢？也有直观答案。此地旱季、雨季分明，水位落差大，若做自然驳岸的话，非常难控制泊岸的位置和形状。因此，东南亚和南

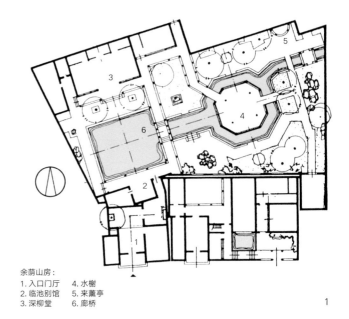

余荫山房：
1. 入口门厅   4. 水榭
2. 临池别馆   5. 来薰亭
3. 深柳堂   6. 廊桥

1

2

3

图1　余荫山房平面图
图2　馥荫园图（[清]田豫 绘）
图3　越南顺化皇宫太平楼后方池

亚园林的驳岸处理常常相对呆板，就算是受中国园林文化影响较深的越南园林——如嗣德皇陵的流谦湖（图6）——有自然曲线的驳岸，为了解决水位落差问题，其驳岸也是直上直下的。在这种条件下营造几何形、半圆形水池都比较容易。

在审美需求外，东南亚和南亚地区的方池还有水利功能和宗教隐喻。旱季、雨季的水位落差，限制了农业发展。所以东南亚和南亚的诸多聚落常会修建水库（水池），旱季灌溉周边农田。如柬埔寨洞里萨湖有旱季、雨季两条水岸线，二者间距十几公里。因此吴哥王朝会修建大的方形水库，调节水利灌溉。因其可有效对抗自然无常，这种方形水池就变成了一种超越自然的神性象征。所以几何形的水池在东南亚有宗教隐喻。举例而言，吴哥西巴莱水库中心有一小岛，岛上有一水文台。公元11世纪时，上面又放了一个青铜毗湿奴神像，岛就变成了一个神庙。印度教的毗湿奴神是一个保护者，因此负责周边的农田的灌溉（图7）。在吴哥王城东侧也有两个水库，水库中心也有小岛。岛上的建筑却很不相同，这象征了不同时期，帝国的不同宗教信仰。东梅蓬寺（图8右下）是贡献给湿婆的神庙，就采取了须弥山的样式。涅槃寺是佛教的寺庙（图8右上）也是个医院，它是佛教中南瞻部洲的形象。所以说对于不同的宗教选择，表现为不同的建筑样式，方池中心放置什么非常重要。

于是我们看到方池中心放置水亭这种典型布局，佛教如西藏拉萨罗布林卡，印度教如巴厘岛的宫殿园林（图9），巴

图4 印度马杜赖密纳克西（Meenakshi）神庙
图5 越南顺化贵族住宅
图6 越南顺化嗣德帝皇陵流谦湖
图7 柬埔寨暹粒吴哥遗址中的西巴莱水库与水库中心的西梅蓬寺（West Mebon）

厘岛信仰湿婆神，其教义与佛教颇多相似，比较重视虚空的状态。这种将世界中心想象为虚空的宗教，往往喜欢在水池中设置一个空空水亭。当地婆罗门会在其中进行冥想，进行瑜伽，或举行一些其他活动。这种布局也由佛教影响了我们中国，如浙江永嘉芙蓉村，芙蓉书院（图10、图11）前面的一个方形小水池里面也放了一个小亭子。更为极端的例子是在这种几何形式水池里放置漂浮的神庙，如印度南部，漂浮祭礼中会在水池里建一个漂浮的庙宇（图12）。

　　上述例子，是想说这种方形的水池是有一些宗教含义的。在南亚和东南亚地区，大家就会觉得好像世界本就是漂浮在水面中的岛。对世界的本质理解不同，岛的象征和形态就不同。印度教毗湿奴派和湿婆派的理解不同，印度教与佛教的理解也不同。在东亚及刚才说的印尼巴厘岛，比较倾向于世界本质虚空，于是方形水池中就有一个空空的"小水亭"，这种布局在岭南园林里也非常突出。余荫山房（图1）、馥荫园（图2）等岭南园林也都用了几何形水池，园林中心（水池或平庭）都设置一个小亭子，园主人就在亭子里面坐下，朝四面观景。这是岭南园林里面特别重要的一种观景方式，它能看到什么呢？最初的体会往往是——大家如果看江南、北方园林看习惯了——岭南园林很细碎。

　　如余荫山房玲珑水榭周围的景观便很不连续（图13）。这种一棵树，那放一个花台，旁边养一只孔雀，后面又来一个假山，七零八碎地把所有的景观堆在园林里面，让人感觉有

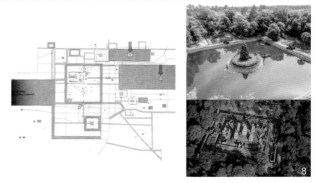

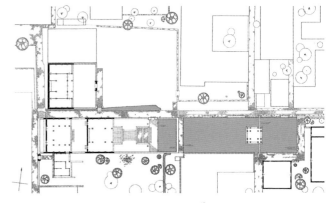

图8　柬埔寨暹粒吴哥遗址中的东梅蓬寺（East Mebon 10世纪）与涅槃寺（Neak Pean 12世纪）

图9　印度尼西亚巴厘岛卡朗阿森（Karangasem）花园中的漂浮凉亭

图10　浙江永嘉芙蓉村芙蓉书院及芙蓉亭平面图

图11　浙江永嘉芙蓉村芙蓉亭

一种拥塞感。在很多园林史著作中，都表达了这种厌恶和不理解。但如果大家了解民居，或是风水，尤其是印度的风水，就会感觉很刺激。

余荫山房玲珑水榭的小景与印度风水是对位的。大家可以看到东面是日神，西面是水神。余荫山房在水榭的最东面种两棵丹桂，这个小景就叫丹桂迎旭日；西面它摆一个水池，跟印度的这种格局是很像的。玲珑水榭东北面放养孔雀，孔雀在印度是智慧的象征，在印度风水图示里，这个地方就是所谓的原人（神）头脑所在的位置。玲珑水榭西南面是个挺高的假山，在印度风水中这里是所谓的祖神，也就是掌管生殖的神，大家如果常去印度就会知道这种高耸石块在印度是有生殖隐喻的。其余的小景我便不说了。中国人依照这些小景写了首诗——"丹桂迎旭日，杨柳楼台青，腊梅花开盛，石林咫尺形，虹桥清晖映，卧瓢听琴声，果坛兰幽径，孔雀尽开屏。"这首诗非常像中国古代的悟道诗，事实上就是开悟的状态，这种体验在中国园林中不易理解。但若我们再看右边这张图（图13），从日神到火神到死神到生殖，然后到水到气到财到所谓的自在，我们就意识到轮回、提升、涅槃，甚至超脱的可能，按此秩序呈现景物，的确很容易"悟道"。

另外一个例子就是馥荫园（图2）。这个园林虽然没有了，但它是清末很多欧洲商人的旅游胜地，拍了很多照片，画了很多画，因此今天这个园林较易复原。我们也可以看到方形的水池中间放了一个亭子，然后周围也零零散散地摆了一些建筑。园林西北方，摆了一个高耸的假山；园林东南方，也是大门的位置，做了一个很高的楼阁。楼阁前还有很高耸的树，正北位置是祠堂。从园林的角度来看，它比较呆板细碎。但若大家对于中国民居和中国风水比较了解的话，就可以看出其中的天地之势。中国地势西北高，东南低。因此民居或聚落在西北方也喜欢稍高一点，东南虽低，但是后天八卦里的巽位。巽主文运，科举中不中，当官发不发达，主要看巽位的经营。其中一个比较直观、比较笨的方式，就是做一个高塔、高阁。馥荫园不仅在东南做了一个高楼，还要种六棵大树。这只是一个很小的例子，意思是说整个水池的布局，与风水理念有很多关联。理解园林不仅要用眼睛看，智力上也是有点挑战的。

最后一个例子是佛山梁园的群星草堂（图14）。群星草堂是一个石庭，但院落最中心也是摆了一个小亭子（但没有保存下来）。亭子的周围有很多湖石、英石，这些小石头两两组织，像八卦一样围着小亭子，各有姿态。主人坐在小亭子里面，一次他只看一个石头，然后再转一下，再看另外一个石头，然后再转一下，再看。这个跟刚才我们说的余荫山房玲珑水榭这边种腊梅，那边种丹桂，这边有小桥，那边有孔雀的观看是很像的。

回到方池的问题。既往学者对方池多有关注，金学智在《中国园林美学》有言："古典园林中的池沼可分为两大类，即规整式和自由式，前者较多地见于北方皇家园林和岭南园林，具有奇一均衡之美，后者较多地见于江南园林，具有参

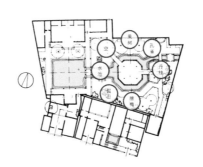
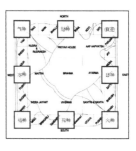

图12　印度马杜赖漂浮祭礼　　图13　广东番禺余荫山房玲珑水榭周边景物的空间结构及其与印度原人象征的对应

差不齐之美。"陈从周在《说园》指出："苏南之园其池多曲，宁绍之园其池多方，其景平直。"顾凯在《中国古典园林史上的方池欣赏——以明代江南园林为例》指出："在中国古典园林史上曾一度盛行不重具体自然形态、而追求'适意'和'求理'的欣赏方式，方池是其重要体现。这在明代江南的众多出色造园中有着突出的例证。尽管自明末以来方池欣赏不再流行，却仍然是园林史上曾有的一个重要特点，而且一直也没有消亡，在今日一些实例中仍可见到。下图引用的基本是顾凯老师论文里面的话，中国古代方池也有一个独立的小传统，这个小传统很可能跟佛教的引入有一些关系，尤其在明代末年之前很盛行。"顾凯同时指出，方池与求理有关，是对超自然秩序的冥想和追求，最为著名的话就是朱熹的"半亩方池一鉴开……为有源头活水来"，这就是理学家们对于方池的诉求。

这种"求理"方池与刚才说的方池水亭像吗？还不够像。它事实上跟我们刚才所说的所有的园林的"另一半"比较像。今天列举的这些岭南园林里，大多是双庭。什么意思呢？就是整个园林里，不会只有这么一个水池庭园，它还会有另外一个迥然不同的小庭院，"另一半"庭园会呈现出一个更加视觉化的景观（图15）。

如图15中的几个箭头，就是这一视觉化景观的呈现方式。

对于馥荫园而言，从船厅，透过水池，再透过桥，再过后面窄长的小水池，望到对面。小水池对面有什么呢？这个园林已经不在了，但是我用京都天龙寺的照片给大家示意：它是一个平林长卷，是一个视觉化的自然，不可游的自然（图15）。余荫山房亦然，从玲珑水榭，透过小桥，再透过这个方池，会看到一片视觉化的竹石小景——可惜今天这一面墙也没有保存得很好。岭南园林保存得不是很好，刚刚我们说群星草堂中间的小亭子是观景点，但连亭子也没保存下来，观景点都没保存下来。

现在做一个总结。岭南园林的这种双庭，是有两种观看方式的：一种就是比较抽象式的理性的综合，是智力活动；另外一种就是呈现一个视觉化的自然，然后冥想静思，是感性或审美活动。后者我觉得与日本禅宗园林，以及理学家们所追求的"求理"园林比较相似，但前者比较像东南亚或南亚传统的东西，有很多义理方面的考量。这里要提另外一点，很多人在谈到岭南园林的时候，会说岭南园林比较实用，吃吃喝喝，小巧好玩而已。我还是想指出其中的另一种精神诉求，这种精神诉求跟江南园林不太一样，但这诉求如何表达，我自己也没有特别想好。

我的汇报就到这里，谢谢大家。

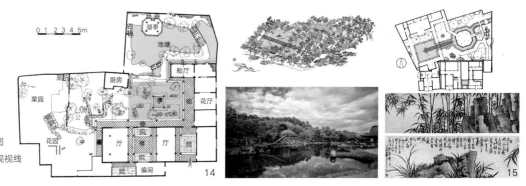

图14 广东佛山群星草堂平面图
图15 馥荫园与余荫山房的景观视线及景物意象

中西交流视角下的明代园林绘画演变

黄晓（北京林业大学园林学院副教授）

"中西交流视角下的明代园林绘画演变"这个题目包含两对交叉的概念，一是园林与绘画，二是中国与西方。这两对概念是如何在明代产生的交集？我们先来看第一对概念，研究园林绘画为什么要特别关注明代？

中国园林具备"诗情画意"的特征，今天已经成为一种常识。但这个特征并非天生就具备，而是经历了一个过程。我们首先简要回顾一下中国园林绘画的演变历程，有助于认识明代园林绘画的重要性。

一、中国园林绘画发展的三阶段

中国园林绘画的演变可划分为三个阶段：魏晋以前的绘画与园林并行发展，唐宋时期的以园入画，元明以来的造园如画。

前两个阶段这里不做展开，主要看第三个阶段。元明时期山水画和山水园林都有了极大的发展，两者形成一种双向的互动：一是绘画从多个层面被用于指导造园，二是大量的园林被绘制成图画。

前者以造园家为代表，他们的很多训练和实践都围绕"画意造园"展开，精通绘画成为造园家的必备修养。晚明的四大造园家——张南阳、周秉忠、张南垣和计成，都是绘画能手。

同时画家们开始接到园林绘画的大量委托。吴门画派的名家杜琼、沈周、文徵明、钱穀，松江画派的孙克弘、宋懋晋、沈士充，都创作了具有代表性的园林绘画。明代园林绘画的兴盛跟造园的兴盛是同步的。创作园林绘画最多的是吴门画派和松江画派；而明代江南造园最兴盛的，正是苏州府和松江府。

明代园林与绘画的蓬勃发展和深入互动，使园林绘画作为一种类型，画意指导造园作为一种原则，真正得以成立；同时也使明代成为研究园林绘画的关键环节。那么，明代园林绘画的特点是怎样的呢？

二、明代园林绘画的特征

明代园林绘画是以园林中的真实景致为基础，画家运用特定的风格和技法进行描绘的写实类作品；图中的景致既非完全想象的产物，也不是对于园林的简单实录，而是经过选择和取舍，运用绘画语言对于园景的"再现"。

这里有几个关键词，实景、写实、再现，从《小祇园图》《求志园图》《勺园图》等作品中，可以感受到画家对园林的描绘，非常的具体、细致、生动。

然而，园林绘画的写实特征放在中国绘画发展的大脉络里，甚至放在明代绘画的语境里，却是一种异类，绝非主流。

三、中西方绘画的发展历程

写实和写意，或者说再现和表现，是区分中西方绘画的重要标准。

对西方古代绘画来说，"再现"是他们一贯追求的目标。

可以追溯到柏拉图的"艺术模仿论"，认为绘画艺术是对于现实景致的模仿和再现。在这一目标的引导下，文艺复兴时期的画家们探索出焦点透视法、明暗投影法和色彩变化法等各种技法，解决了忠实摹写、再现的技术难题。这幅1444年绘制的《捕鱼奇迹》（图1），画面背景取自真实存在的日内瓦湖和塞利维山。可以说，西方绘画的目标和技术突破是一贯的，始终围绕着写实和再现来展开。

相比之下，中国古代绘画发生过一次重要转变，从早期的写实转向后来的写意。早期的中国绘画同样重视"再现"，比如西晋陆机提到"存形莫善于画"，绘画的主要功能就是描绘、保存客观的形象。这种风格到北宋达到顶峰，出现了采用客观描述手法再现自然的山水画，被称作"自然主义山水画"。

北宋画家的创作方式之一，就是身临其境地观察、体悟自然，用独特的笔法表现不同地域的景致特征。像这幅李唐的《万壑松风图》，采用"斧劈皴"表现了中国北方的雄浑山水（图2）。另一位画家董源，则被沈括评价为"多写江南真山"。

宋代山水画"再现"自然的成就，获得了世界性的认可，贡布里希认为再现艺术史上有三个最辉煌的时期：除了欧洲的希腊和文艺复兴，第三个就是中国的宋代。

中国山水画在宋代达到客观再现的高峰后，开始转向主观与写意。画家不再重视再现外在的世界，而是转向表达内在的自我，也就是从"再现自然"转向了"表现自我"。比如

这幅倪瓒的《容膝斋图》，画中看不出描绘的是哪里的场景。比起真实的景致，画家更注重的是展示内在的自我。

明代的园林绘画正处在这样一个关键点上：中国早期"再现自然"的理念已经消退，转向"表现自我"；而西方"再现自然"的技法已经成熟。在明代园林绘画中，西方的影响如何介入，传统的理念如何唤醒？

四、明代园林绘画为何会追求写实？

在宋元绘画风格转型之后，明代主流的画风是崇尚写意、表现自我，那么这时期的园林绘画为什么要逆潮流而动，追求写实呢？

一个原因与园林绘画的性质有关。这类绘画可以称作"纪念性绘画"，是受到赞助人的委托，用来纪念生日、退休等事件，经常描绘某人的退隐之所、临河别业，也就是我们关注的园林和别墅。

所谓赞助人就是今天通常说的"甲方"。甲方的意见起到非常重要的作用，园林绘画是通过园主的委托，画家对园中景致做再现性的忠实描绘，这在很大程度上决定了园林绘画的特征。画家需要探索，采用什么样的手段，实现写实的目标。

五、写实风格背后的中西交流

房龙有一个著名的绳圈理论：绳圈受到不同因素的影响，呈现为正圆、椭圆或扁圆的不同形状。

图1　康拉德·维茨（Conrad Witz）的《捕鱼奇迹》（1444年）
图2　（宋）李唐《万壑松风图》，表现了中国北方的雄浑山水，上海博物馆藏

明代园林绘画也是这样一个绳圈，最终呈现的面貌是由多种因素决定的。比较重要的有三个：一是明代以园入画的时代风尚，二是当时西洋技法的传入，三是宋画传统的复兴。

先来看以园入画的时代风尚，主要涉及两个方面：一是绘画对于园林全景的表现；二是绘画对于园林景致连续性的表现。可以通过吴门画派和松江画派的四件作品来认识。

首先是创作于1443年前的《南村别墅图》。南村别墅位于今天上海的近郊，占地数百平方公里，分布有十处景致。这套图册每幅都聚焦在具体的景致上，还没有出现全景图。

其次是1477年创作的《东庄图》，经过30多年的发展，这套图册已经有了表现园林全景的图，只不过比较概括，离真实再现还差很多。

然后是1600年创作的《寄畅园图》，又过了100多年，这幅全景图已经画出寄畅园的轮廓、格局和主要景致，但是各景的空间关系还不是很准确。

最后是1627年创作的《止园图》，这幅全景图已经非常接近今天的鸟瞰图，图中园林的空间格局和景致关系都非常令人信服。

通过园林全景图从无到有、从概括到具体的变化，可以体会到近200年间园林绘画的巨大发展（图3）。

这种变化不但体现在全景图里，还体现在景致的相互关联上。最早的《南村别墅图》，各页景致完全独立，互相没有关系。稍后的《东庄图》，有些景致已产生了关联，比如"振衣冈"与"鹤洞"，鹤洞位于振衣冈的山脚。再后来的《寄畅园图》，各页的相互关系已经非常密切：这三幅的第一幅以亭子为主景，在第二幅里出现在左上角；第二幅的主景是曲涧，在第三幅里又出现在上方（图4）。《寄畅园图》虽然是册页却有手卷的感觉。这种册页的手卷化，在《止园图》里体现地更明显，各页景致前后重叠，彼此印证，构成一个具有内在关联的图中世界。

以上许多变化都发生在晚明。如果放宽视野，会发现当时这种变化不只发生在园林画里，也发生在人物画和山水画里。比如曾鲸的人物画像,惟妙惟肖;吴彬的山水画,空间独特。

这些现象引发了学者的一些联想，因为晚明正是西方传教士进入中国，把西洋画册带到中国的时期，其中最重要的人物要数利玛窦，活跃于万历十年到三十八年（1582年～1610年）之间，恰在《寄畅园图》和《止园图》之前。高居翰由此推断，当时中国绘画的一些变化，可能与西洋技法的传入有关。

这在当时许多绘画作品里都有反映。比如张宏《越中十景图》，描绘了大河两岸的景致，近景和远景几乎平行布置，通过一道近乎垂直的长桥把两岸连接起来。这种构图从元代以来，中国画家就很少使用。但在1608年前传入中国的《全球城色》里有相似的构图，这幅《堪本西斯城景观图》正是采用了长桥连接两岸的构图，很可能是张宏《越中十景图》的范本。画中的细节也印证了这种可能性，张宏的这座长桥越

图3　明代园林全景图比较。左：沈周《东庄图·东城》（南京博物院藏）；中：宋懋晋《寄畅园图》（局部）（私人收藏）；右：张宏《止园图》（柏林东方美术馆藏）
图4　《寄畅园图》之悬淙、曲涧与飞泉（华仲厚藏）

往深处越窄，这是一种西方的透视关系，与中国绘画"内大外小"的空间表现正好相反（图 5）。

但在强调西洋影响的同时，另一种影响也值得关注。这种长桥连接两岸的构图也出现在吴彬的《岁华纪胜图·大傩》里，从桥的透视关系看，外大内小，也受到过西方的影响。高居翰进一步指出，长桥连接两岸的构图虽然在元明绘画里罕见，但却是宋画的惯用构图，比如北宋画家张择端《清明上河图》里虹桥两岸的景致，以及南宋李嵩《西湖图》里的断桥和孤山（图 6）。所以明代画家的写实再现，可能还有一个中国的传统。

宋代是中国绘画写实艺术的高峰。晚明的山水、园林绘画与宋代绘画的关系，也有许多证据。比如吴彬《方壶圆峤图》对范宽《溪山行旅图》的模仿（图 7）。张宏《止园全景图》这种高视点的全景俯瞰，在元明绘画里不多见，却与宋代《金明池夺标图》相近。

我们回到房龙的绳圈理论。上面讨论的三种因素，共同决定了绳圈的形状。首先是以园入画的时代风尚，明代大量的园林绘画创作，使画家们对于实景再现的追求越来越明晰，因此在西洋技法传入的时候，才会得到他们的注意，被吸收并化用进作品中。西洋影响就像催化剂。通过与西方绘画的接触，画家对于宋画传统进行了重新认识。最终的结果，是在"再现"理念的绾结下，把宋画传统与西洋技法融合进追求"写实"的园林绘画中。

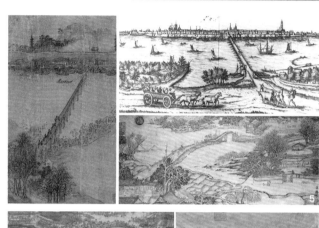
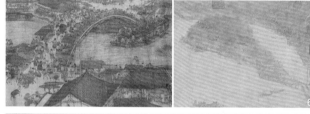

图 5　长桥两岸式构图。左：张宏《越中十景图》（奈良大和文华馆藏）；右上：吴彬《岁华纪胜图·大傩》（台北故宫博物院藏）；
右下：佚名《堪本西斯城景观图》（引自《全球城色》第二册）

图 6　左：张择端《清明上河图》虹桥两岸（北京故宫博物院藏）；右：李嵩《西湖图》断桥与孤山（上海博物馆藏）

图 7　左：吴彬《方壶圆峤图》（美国景元斋藏）；右：范宽《溪山行旅图》（台北故宫博物院藏）

正是得益于这种复杂的影响，我们才能看到《止园图》这种从不同角度对同一座假山的详细描绘（图8）；甚至会有吴彬《十面灵璧图》这种从十个角度描绘同一块石头的杰作（图9）。这类绘画的出现和对其成就的评价，都需要置于西方影响和宋画复兴的晚明背景中来理解。

六、关于中西交流的思考

最后谈一点个人关于中西交流的思考。不同文化间的相互影响，有时是个略显敏感的话题。人们常常以影响他者为荣，以受他人影响为耻，认为被影响的文化相对低级和次要。其实几乎所有文化都会受到外来的影响。其中更重要的，不是看谁影响谁，而是看外来影响的结果是什么？是变成了另一个文化的殖民文化？还是通过融合、转变，酝酿出新的独特文化？如果是后者，这种影响就是成功和富有创造性的，它结出了新的硕果，推进了人类的进步。

这篇报告提到的张宏，就是这样一位成功的画家。最后我想引用《不朽的林泉》的一段文字作为总结：

"我们之所以需要重视不同文化间的交流，是因为熟悉另一种文化的艺术，会促使艺术家重新检视自己传统中被视为理所当然的许多规则，进而作出突破。张宏对西洋画法的消化和吸收是如此彻底，以致今天要寻找张宏作品中的西洋影响，基本上只能依靠推测。他的不少画作都颇有西洋水彩的趣味，但整体看，它们仍是不折不扣的中国山水。"

在张宏的作品中，时代的需求、外来的影响和传统的风格，得到了全面的回应，创作出独树一帜的作品。这对于今天如何进行中外交流，实现传统复兴，具有宝贵的借鉴意义。

图8 张宏《止园图》之飞云峰（两图分别藏于柏林东方美术馆和洛杉矶艺术博物馆）

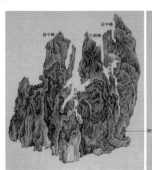

图9 吴彬《十面灵璧图》之左正面与右正面（私人收藏）

国际交流背景下中国近现代园林中的"绿化建设"

赵纪军（华中科技大学建筑与城市规划学院教授）

中国的近现代时期是一个巨变的时代，也是国际交流频繁的时代。中国近代园林、中国现代园林分别被认为是中国园林史中的"第三次转折"和"第四次转折"。针对中国近现代园林中的"绿化建设"这个话题，我将从以下4个方面进行讨论：什么是"绿化"、近代的"绿化建设"、新中国的"绿化建设"以及对"绿化建设"的一些反思。

认识"绿化建设"，首先要理解什么是"绿化"。相关的术语、规范、词典基本上都会将"绿化"解释为"栽种植物以改善环境的活动"，这是将"绿化"作为动词加以理解，其中包含了人为的能动性；"绿化"还可以是名词，作为这种人为动作的结果，也就是绿色植物。

但是仔细考究，"绿化"这种行动和结果古已有之。苏东坡在杭州西湖筑堤，植芙蓉、种杨柳，打造了"西湖十景"之一的"苏堤春晓"。所以"绿化"应有着深远的文化根基，事实上也是如此。虽然在各种传统典籍中没有出现"绿化"这个词，但仅用一个"绿"字已经表达了今天"绿化"这个词的所有含义。前面说到"绿化"的词性可以是名词或动词，而"绿"这个字除了可以作为名词和动词，显然还可以是形容词。以相关诗文为证：第一列是"绿"作为形容词，有绿色的杨树、绿色的柳树等。第二列是"绿"作为名词，仔细读这三句诗可以发现"绿"字的含义相互略有不同：《江南春》和《乡村四月》中的"绿"字描写了绿色的自然环境；王安石的《书湖阴先生壁》中的"绿"字描写了绿色的人工环境，是人们耕作的绿色田野。而我们现在将"绿化"作为名词的时候，

一般都说的是人为活动所创造的"人工"绿色环境。第三列是"绿"作为动词，从"春风又绿江南岸""红了樱桃，绿了芭蕉"等诗句中，可以看到这些"绿"的动作和效果都不是人为的，而是一种自然的过程（图1）。

"绿化"以"化"作为后缀。"化"字在甲骨文中像两个"人"形，一正一反、一顺一倒，表示变化。相关的古文中也有"化"作为后缀的用法，可以从中看到"绿化"这个词语产生的文化根源（图2）。

"绿化"作为由两个汉字单字组成的汉字词，是日本人大约在明治维新时代创造的。现在有一些术语和标准说"绿化"这个词是新中国成立之后，也就是1949年之后受到苏联的影响产生的。这大概有两个方面的原因：一是从苏联翻译过来的《绿化建设》在中华人民共和国成立后相当一段时间内被称为行业的"看家书"，影响非常大（图3）；二是造园专业，也就是现在的风景园林专业，受苏联影响改名为城市及居民区绿化专业。这两个方面的原因都跟苏联有关，所以造成"绿化"这个词是从苏联引入的错觉。但是据日本彰国社出版的《造园用语辞典》，繁体的"绿化"这个词至少在昭和时代之初就在日本使用了。

另外，实藤惠秀先生也写了《中国人留学日本史》，对由日本创造并传入中国的汉字词语进行收集和整理，其中就包括"绿化"，还有以"化"结尾的一批词汇，像美化、净化、工业化等（图4）。值得注意的是，这些新造的词汇并不是日本本土的传统语汇，而是在明治维新倡导近代化之后学习欧美、翻译欧美典籍的过程中，一方面自己创造新的词语，一方面又借鉴

绿树村边合， 青山郭外斜。 [唐]孟浩然《过故人庄》	千里莺啼绿映红， 水村山郭酒旗风。 [唐]杜牧《江南春》	春风又绿江南岸， 明月何时照我还。 [北宋]王安石《泊船瓜州》	美厚德之溥载兮，嘉丰化之大造。 《岁暮赋》	
最爱湖东行不足， 绿杨阴里白沙堤。 [唐]白居易《钱塘湖春行》	一水护田将绿绕， 两山排闼送青来。 [北宋]王安石《书湖阴先生壁》	流光容易把人抛， 红了樱桃， 绿了芭蕉。 [南宋]蒋捷《一剪梅》	率敦德以厉忠孝，扬茂化以砥仁义。 《后汉书·崔骃传》	
诗家清景在新春， 绿柳才黄半未匀。 [唐]杨巨源《城东早春》	绿遍山原白满川， 子规声里雨如烟。 [南宋]翁卷《乡村四月》	1	淳风美化，盈塞区宇。 《南史·宋武帝纪》 2	3

图1 古代诗文中"绿"字作为形容词、名词和动词的情况
图2 古代诗文中以"化"字作为后缀的构词情况
图3 勒·勃·卢恩茨所著《绿化建设》的中译本于1956年在国内出版

中国文字的结果。对于"绿化"来说也是如此，不难看出"绿化"和带有"化"字结尾的这一类词汇在构词法上是一致的。这都是日本明治维新之后，在近代化或者现代化大背景下的产物。

相应地，绿化活动是新时期日本应对工业化时代所采取的措施之一。于是可以理解"绿化"作为动词的含义为什么不包括自然过程，它在本质上体现了工业化时代以来人为对自然的改造和干预，显示了人为的力量。反观传统典籍中的"绿"字，其作为动词表示一种"自然过程"，作为名词既可描绘自然环境，也可指代人工环境，因而不难认识"绿化"这一词汇鲜明的现代性。

"绿化"这个词跟苏联的著作和学科有关，因而也应考察在俄语中的一些情况。《绿化建设》这本书的书名中的"绿化"一词，俄文原文"зеленое"是个形容词，直译是"绿色的建设"，这和当下用"绿色的"来形容生态、环保是一样的。为什么没有直译，而用"绿化"来意译呢？我曾有幸请教当时翻译这本书的老先生，她说是参考了一本《俄中字典》。所以，应该说是当时的字典编撰者借用了从日本引入、同时在我国国内也已经比较普及的"绿化"这个词，意译了这个俄文的形容词，并被当时的专业工作者所采用。俄语中也有动词"绿化"——озеленять，包括相应的动名词 озеленение。俄语中另有表示"化"的后缀"-изация"，相当于英语的"-ization"。但是由于俄语中已经有了动词"绿化"的单词，所以并没有以这个后缀为结尾的"绿化"的俄语单词。这一情形和英语类似，在英语中"green"可以作为动词使用，相应有动名词

"greening"，而没有"greenization"这样的构词。

从上面的讨论可以看到，日文汉字词"绿化"和俄语中的"绿化"都是 20 世纪以来近代化或者现代化进程的结果，"绿化"这个词具有充分的现代性。"绿化"概念的现代性也可以从单字"绿"和双字词"绿化"的词性和词义的比较中看出。和"绿"字相比，"绿化"没有了形容词的词性，也不能指代自然过程及其结果，其词性和词义都发生了内涵上的缩减。

这种现代性也表现在近现代以来，"绿化"成为振兴中华民族的强国措施之一。孙中山先生在《上李鸿章书》中说，中国欲强，需"急兴农学，讲求树畜"；毛泽东在 1934 年《我们的经济政策》中说："森林的培养，畜产的增殖，也是农业的重要部分。"这些都是建设现代国家，并使其在经济上、政治上更为强大的需要。在这样的现代性背景下，我们可以理解近代的一些"绿化建设"现象。

比如孙中山先生在《三民主义》中将造林绿化提升到国策的高度，呼吁防治水灾、旱灾，要在全国进行大规模的造林。"绿化"的另外一个含义是城市园林绿化，比如近代时期的中山园林现象，国内外以"中山公园"命名的公园有 200 多座，汉口中山公园是其中的典型，建成之后甚至和伦敦的丘园（Kew Garden）[①] 相媲美。

汉口中山公园的设计师吴国柄曾撰文回忆建设公园的愿景与缘由。一方面，建造中山公园要"种树栽花"，因此"绿化"活动是公园建造的一个基础；另一方面，"一般市民抽鸦片、打牌，白天睡觉""百姓甚至春、夏、秋、冬四季都不晓

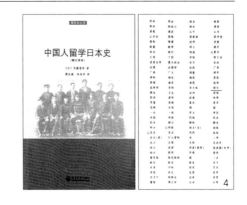

图4 实藤惠秀所著的《中国人留学日本史》，其中收集和整理了由日本创造并传入中国的汉字词语，包括"绿化"

得",说明当时存在严重的社会问题,所以建设公园、植树绿化,也是实现近代社会改良、大众娱乐的一个手段,而且是"当务之急"(图5、图6)。

吴国柄不仅设计了一座具有重要意义和水准的中山公园,而且他的相关专业文本也使用了"绿化"一词,即1947年的《美化绿化龟山计划》(图7)。这样一份史料足以说明"绿化"这一词并不是在新中国成立之后学习苏联而引入的,而是在近代时期就已得到了广泛的应用。吴国柄在《美化绿化龟山计划》中展望了将龟山打造成一座"复兴公园"的"美化"愿景,而要实现这个"美化"蓝图,要通过"绿化"这种"伟大的造林工作",他在该计划中也提到了建设中山公园的经验。

可见,吴国柄先生将属于公园的"美化"和属于造林的"绿化"进行相对独立的理解,清醒地认识到城市园林"美化"与"绿化"这两大重要构成。由他的园林理念与实践可以看到近代中国对于园林营造所达到的认识水平,而且已经能够恰当理解"绿化"对于园林的独立意义。但是,我们也应当看到,"美化"和"绿化"并称,将"园林"中属于"绿化"的种植内容独立了出来,也是一种现代性的体现,同时是对综合性的园林传统的肢解。

新中国成立之后,对于"美化"和"绿化"的认识发生了根本的转变。如果说近代时期"美化"和"绿化"是某种相对独立的并列关系,那么新中国成立之后是将"绿化"和"美化"进行了先后的排序,而且新中国的"绿化"活动也有鲜明的"绿化谁"和"谁绿化"的指向性。

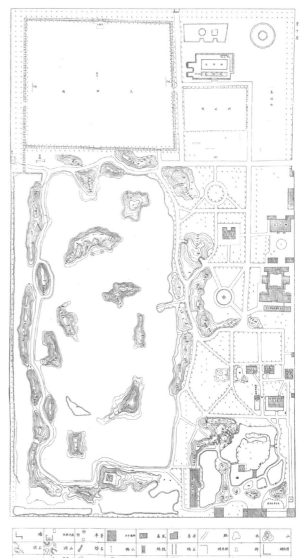

5

6

图5　汉口中山公园平面图(1930年)
图6　汉口中山公园全景图(1930年)

自古以来，主要是绿化"园林"，也有绿化"家园"，新中国提出来的"绿化"是绿化"国家"。1956 年提出"绿化祖国"（图 8）；1958 年提出"园林化"，号召使"祖国的山河全部绿化起来"；1958 年末提出"大地园林化"（图 9），其中的"大地"指代祖国的山河。"绿化"的愿景很广大，在具体的实施过程中分为林业系统的"造林绿化"和城市建设系统的"园林绿化"两个方面。

绿化国土的宏大视野决定了"造林绿化"是"绿化祖国"和"大地园林化"的基本内容。从中也可以看出"绿化"和"美化"的先后排序——先绿化祖国，再园林化。城市园林绿化相应受到影响，也强调先植树绿化，然后园林美化。

对于城市园林绿化而言，也出现了一系列的说法，"先绿化，再美化""先普及，后提高"等。1956 年的全国城市建设工作会议也传达了这样的精神。"在国家对城市绿化投资不多的情况下，城市绿化的重点不是先说大公园，而是首先要发展苗圃，普遍植树，增加城市的绿色。"当时学科专业名称从"造园"改为"城市及居民区绿化"，说明行业实践重点应有的变化，也引发陈植[②]等先生的一系列争鸣。从本质上看，这是现代性的"绿化"和传统性的"造园"或"园林"的冲突，但也反映了公园一直是行业工作的一个重点。同时，考察"园林绿化"这个行业名称，"园林"在前、"绿化"在后，暗示了与"先绿化，后美化"的基本政策导向的某些矛盾，这也说明城市园林绿化实践在理论上的缺陷，实践效果也相应受到制约。

与"绿化谁"对应，是"谁绿化"。严格来说，"谁绿化"包含两层意思：首先是由什么人来绿化，其次是拿什么物来绿化。在这里，我们可以看到，对于新中国的绿化理念和实践而言，一是要搞"全民运动"，而且源于群众，服务于群众；二是要有"生产观点"，要在园林绿地中结合农业生产，种植粮食作物，这种倾向一直延续到 20 世纪 80 年代改革开放之前。

居住区绿化是"普遍绿化"的一个重点。1951 年 9 月开始建设的上海曹杨新村是居住区及其绿化建设的一个代表，直到 1958 年经过三个阶段的建设，形成了以"点""线""面"为框架的绿化体系（图 10）。这样的形式框架强调了某种视觉效果，但是初期新栽的树苗并没有多少景观品质，而将一些道路以花木命名，比如枫桥路、花溪路等，具有很强的象征意味，因而"普遍绿化"的实际效果非常有限。事实上，很长一段时间内，居住区绿化的实施依靠群众，几乎没有行业人士的介入，绿化的实践效果是大打折扣的，直到 1998 年推行商品房建设，居住区环境品质才成为一个重要卖点。

城市绿化的另外一方面是要有"生产观点"。东直路是 10 周年大庆的样板工程之一，但是其中的葡萄园由于技术设备条件差、劳动力不足等情况，生产性绿化的实践效果不是很好（图 11）。生产性绿化降低了园林绿地的休憩、游赏的基本功能，在特定的时代条件下，它的极端化不仅是要发展农业，而且还要发展畜牧业、甚至工业，最终否定了园林绿地本身。因此，园林绿化结合生产的方针不适于园林绿化工作，是特定历史时期的产物，而这也确实在改革开放之后被停止实施。

改革开放之后，对于林业和园林两个行业来说，对"绿化"

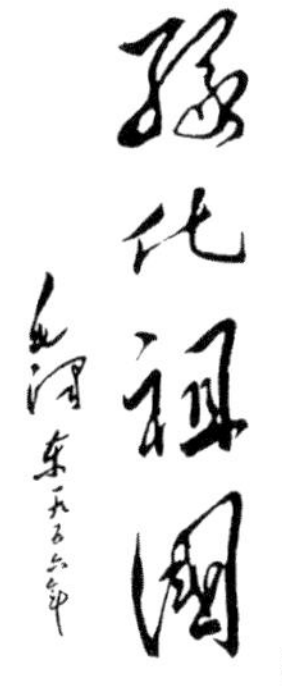

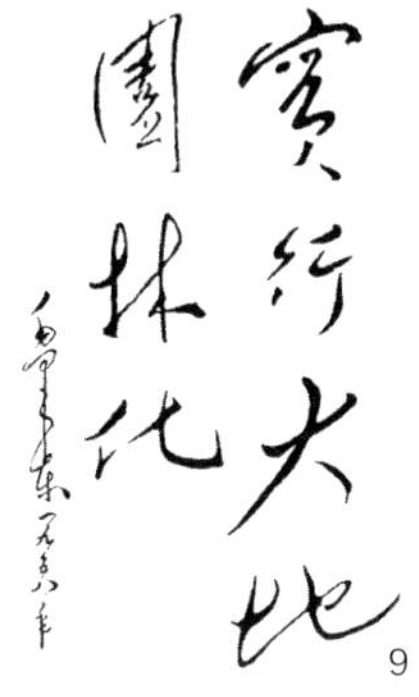

图 7 《美化绿化龟山计划》第一页（1947 年）
图 8 毛泽东题词"绿化祖国"（1956 年）
图 9 毛泽东题词"实行大地园林化"（1958 年）

和"美化"的态度都发生了微妙的变化，并有所不同。对于植树造林来说，"绿化祖国"的号召一如既往。位于我国首都的百望山森林公园，是北京市纪念毛泽东100周年诞辰活动的一项重要内容。碑体的正面是毛泽东手书"绿化祖国"，说明了继续进行植树造林的行动目标，碑体的背面是毛泽东手书"大地园林化"（图12）。值得注意的是，从正面看不到背面题词的事实，似乎暗示着某种还没有实现，却极其重要的绿色愿景，而且延续了"先绿化，后美化""先绿化，后园林"的理念。这里或许还涉及一个关键问题——到底应该怎么理解"园林"这个概念和对象？

园林行业一直强调的还是"园林"，"园林绿化"这个词甚至现在还在使用——"园林"在前、"绿化"在后。在学会名称的变化中，"绿化"这个词渐渐消失了：1966年名为"城市园林绿化学术委员会"；1983年"园林学会"成立，没有使用"绿化"这个词；1989年成立独立的"风景园林学会"，加入了"风景"一词，而未用"绿化"；直到2011年增补"风景园林学"为一级学科时，沿用了"风景园林"这一词组。从"园林绿化"到"风景园林"的转变，说明"绿化"作为建造现代人居环境的手段和基础，是一个不言而喻的内容，而以"风景""园林"为代表的传统文化精神，在新时期的国际交流背景下显出更为珍贵的历史价值。

现在一般认为"绿化"有两种含义，一个是"造林绿化"，一个是"园林绿化"。前者是林业系统的任务，后者是城市建设的任务。无论如何，似乎都没有"现代性"的感知。这或许因为我们现在正处于"现代化"的进程之中，使"绿化"这一概念含有的"现代化"诉求已经成为一个"缺省值"。所以，如果只是把"绿化"理解成"栽种绿色植物"的话，其中深刻的历史和社会意义便被大打了折扣。

"绿化"作为中国园林现代化过程中出现的概念，其实践内容具有基础性和功利性，它成为近现代园林文化和城市建设的一个部分，却很难体现传统园林文化的一些价值。所以，也可以理解，在现在日益强调在地性、本土文化的背景之下，为什么"绿化"这个词会逐渐消隐在风景园林学科和行业的话语之中。

另外值得注意的是"近代"和"现代"的历史分期，很多是以1949年新中国成立为界，但关于"绿化建设"的研究说明，"近代"和"现代"的历史时期不能简单分开，也不能独立看待，应该看作一个整体的"现代化"进程。这种整体研究的视角能够带来一些对于园林建设理论和实践的新认识。关于这点，业内已有一些老师提出，在此便不赘述展开了。

注释：
① 丘园（Kew Royal Botanic Gardens）：位于英国伦敦西南部泰晤士河南岸，成立于1759年，是英国最大的植物园，也是世界上植物学和园艺学的研究中心，向游人开放。
② 陈植：著名林学家、造园学家，南京林业大学教授，是我国现代造园学的奠基人，与陈俊愉院士、陈从周教授一起并称为"中国园林三陈"，著有《造园学概论》，曾为《园冶》等进行校注。

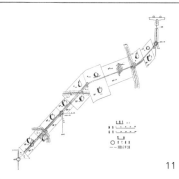

图10 曹杨新村平面图（20世纪50年代末）　图11 北京东直路1959年"绿化结合生产"总平面　图12 百望山首都绿色文化碑林中的"绿化祖国"碑亭

刘珊珊（主持人）：接下来是嘉宾对谈环节，请侯晓蕾老师跟我一起主持。有没有哪位嘉宾发表观点，王毅老师可不可以先讲一下？

王毅（曾任职于中国社会科学院，哈佛大学景观学研究中心，著名学者）：今天的内容真是非常丰富，认识了这么多学有专长的老师。比如说侯晓蕾老师讲的乡土景观的问题，以前我也考虑过，而且挺相似的，中国和英国的比较确实非常有意思。除了景观乡村的呈现外，在中国文化中可能更侧重心理、审美等的认知，也就是侯老师讲的第三个层面的自然，就是中国一些基本的伦理价值，观察宇宙、观察哲学本体的方式，实际上都和人们对于自然景观、乡土景观的认识紧密结合在一起，这个问题从学术上来讲是挺大的。有机会我想跟侯老师仔细讨教一下。

　　其次就是王南老师讲的内容，两三年前我有幸在网上看到过王老师研究的粗略介绍，对我的启发很大。我还记得王老师当时概括的词，是中国建筑的内置密码，我觉得这个形容非常贴切、非常有力度。所以今天听了王老师更仔细的梳理和更丰富的举例，从微观到中观到宏观，我觉得这是一套非常系统的内置密码。我本人并不是专门研究景观和园林的，我的主要工作隔得很远，是做制度学研究，政治制度、法律制度、经济制度等，但是它有一个跟建筑、园林很相似的地方，也是从微观到中观到宏观，里面有一个系统性的结构，所以

对我的启发是很大的。

　　另外王老师在回答提问的时候说道，数字的和谐、匹配和比例是第一个层面的，但进入一种审美的、心性的和谐，可能是更主要的问题。我觉得这个和我想到的事情非常契合，我也做过一个私下与朋友们分享的内容，讲到中国古典建筑欣赏的一系列问题，其中一个是建筑体系当中无所不在的比例与规范，可以分为形而下和形而上这两个层面：形而下的层面，就是刚才说的数字的、比例的、直观的内容；而形而上的层面，可能就更侧重于审美的、心性的和对于宇宙运行的理解等方面。我觉得这是中国文化中很有意思的东西，我把它叫作建筑比例的"直观性呈现"和建筑比例的"非直观性呈现"。这两个关系在中国建筑尤其是园林当中的互动和关联特别有意思，有机会要向王老师请教。

　　第三个是我非常感兴趣的问题，关于园林和绘画的关系。刚才黄晓老师做了很细致的梳理，整理出系统性的线索，这个线索对于我们理解园林文化很重要。同时我也提供另外一个不同的思路供参考：黄老师谈到，因为西方绘画透视方法的输入，所以中国传统绘画发展到明代中后期，表现园林景物的真切程度才超越了以往的中国绘画。我觉得这个结论是不是可以商榷？因为我们看到，中国山水园林题材的绘画，它对万千园林景物、对非常复杂的园林空间结构等的表现能力，都是在南宋达到了空前绝后的高峰，这个水平不仅超越了北宋，而且也是明代中后期山水园林题材绘画远达不到的。我

最近发了一篇很长的论文谈这个问题。南宋当然很短了，仅150多年时间，但是在中国绘画史和园林史上，是一个非常关键的时期。南宋的山水园林题材绘画对于万千园林景物，尤其是园林空间结构的表现能力，对于园林意境的展现、对园林文化形而上层面——就是宇宙哲学、诗情画意等方面的展现——它所达到的高度在中国艺术史上可能无与伦比，这是我提供的一个视角。有兴趣的朋友可以翻翻这个论述，看是否能够站得住。

最后我有一个建议：我们能不能做一个系统性的园林图像史研究？因为我们做研究都能感觉到园林跟绘画的关系非常紧密而且非常广泛，不仅仅是纸上的、绢上的绘画，在石刻、青铜器、漆器、室内外装饰等非常大的范围内都有图像和园林的关系，这是一个没有开掘的领域。我最近也写这样的文章，越写越觉得可以发掘的材料是无比的丰富，所以有这么一个建议，中央美院有强大无比的学术资源，能不能做一个园林和绘画、图像的关系研究？这也应该是研究园林的人绕不过去的问题。如果能在这方面有所建树的话，我觉得是很了不得的。

侯晓蕾（主持人）：感谢王毅老师。王老师在园林方面有诸多研究，有机会再请王老师跟我们进一步分享。

刘文豹（中央美术学院建筑学院副教授）：我有一些疑问，想求教演讲嘉宾。第一个问题我想问王南老师，关于"规矩·方圆之道"。中国传统的设计师（或者匠人）在表达他们的设计意图时会用"烫样"（建筑模型），也会用绘图的方式。比如说，平面图的表达方式——中国古代建筑史中我们可以看到最早的有《中山王陵兆域图》。然而，采用立面图甚至剖面图的画法，似乎是近现代才系统地出现于我国。我注意到您的分析里面，除了平面图之外，也有不少采用了立面图与剖面图进行比例分析。我在想，中国传统建筑当中 $\sqrt{2}$ 的比例关系观念历经千年，也在不同类型的建筑中重复出现，设计者或者工匠们是如何将 $\sqrt{2}$ 的比例理念转换成现实作品的呢？它的转换模式，或者是机制又是怎样的呢？我对这个转换的过程很好奇。

与西方相对比，自文艺复兴以来，他们建立了一套成熟的视觉与比例的转换机制，也就是运用平面图、立面图、剖面图以及透视图等一系列可视化的工具，使得视觉形象的再现与比例推敲成为可能。正是借助于这套画法，人所感知到的视觉比例与设计者想要传达出来的意图相吻合。然而在中国传统建筑的语境下，$\sqrt{2}$ 这样的比例理念是如何传达出来的（除了通过平面图之外）？

比如我们看到一个（立着的）正方形，由于透视变形的原因它会变矮，就变得不那么正方了，但是我必须告诉自己它就是一个正方形。这种场景可能会让人有点尴尬，也就是说，我们感知到的比例关系与它原本要传达的意图，或者是它的象征性，这两者之间是如何匹配的？中国传统的工匠和设计者是采用什么样的转换方式将 $\sqrt{2}$ 的比例观念再现出来，让我们感知呢？这是我的疑问。

第二个问题，我想请教张力智老师。您在介绍岭南园林的时候谈到规矩的池塘正中布置景观亭，并且提了明代的园林案例。在我的印象中（更早期的）宋代绘画，例如《金明池夺标图》（张择端画），清晰地描绘了在方形水池中心设置一座规则的观景亭。我曾经参观过杭州的"八卦田"，那是南宋初期建造的，在一个不规则形状的湖中央设置了一块正八边形的田地。当然，这个八边形与张力智老师岭南园林里提到的八边形景观亭也许只是巧合。除了宋代之外，我也想起汉代典型的"明堂辟雍"（制度）。当时的重要背景是，中国与印度的佛教文化交流稳定而且深入。当然，南宋时期这种对外交流就更为显著。我们通过泉州、广州的港口与东南亚国家，乃至阿拉伯世界展开了密切的经济与文化往来。

我想请教张力智老师的问题是：除了您刚才所提到的明代园林案例，在宋代或者说更早的汉代，这种模式——几何形的水池当中设置一座厅堂——是否也与中外之间的文化交流有一定联系呢？

王南（清华大学建筑学院讲师）：谢谢刘老师。先简要回答您的问题。刚才也感谢您提到《中山王陵平面图》，这是现在找到的中国最早的建筑图纸，而且这个图上还标了详细的尺寸，通过对它的尺寸分析，发现《中山王陵平面图》就符合规矩

方圆的比例，而且还传承下来了，秦始皇陵也是一模一样的比例。

那么说到剖面图，北宋《营造法式》有很多剖面图，里面叫"侧样图"；还有带一点点透视的局部立面图；平面图当然是更多了。到了"样式雷"时代，平面、立面（立样）、剖面、模型也都有。除了画图纸，匠人也会做模型。历史记载，宇文恺规划隋大兴城（后来的唐长安城）和隋洛阳城之外，也做过明堂1∶10的设计模型。有很多伟大的匠师都做模型，即便在没有图纸和模型的时候，一个建筑的总匠师往往手里会拿着一根杖杆。杖杆是一根大概一丈长的木棍子，会在棍子的不同面上将建筑的最大尺寸到最细节的尺寸做标记。他拿着这根杖杆就相当于现代建筑师拿着一套施工图，既能指挥大家怎么做设计，也能最后校核。

所以我们刚才说到的关于建筑单体或者建筑群体的这种大的尺寸比例，我认为应该是在总匠师的脑袋里的。当然他也要通过画图、做模型或者在杖杆上标尺寸的方式掌握这些。

至于说肉眼看有透视变形这件事情，因为透视是西方的观念，古代人或是说在匠士的心目中，让总比例尺寸实现了天圆地方，估计他就安心了，这也是规矩方圆代代能往下传的原因，当然这还需要找更多的理论、文献支持。

张力智（哈尔滨工业大学（深圳）建筑学院助理教授）：谢谢

刘老师的提问。我刚才在讲座大概最后一段讲到，明代末期之前，在中国有很多这种方池水亭或者叫作湖心亭的布局。为什么没有讲宋代的东西呢？是因为顾凯老师曾经写过一篇文章谈中国园林史里的这种方池传统，其实已经把这个事情说得比较系统了。所以我在整个报告当中就没有特别谈明代之前的问题。

回应刘老师的另一个问题是关于明堂的中心对称布局与教式的曼陀螺式布局之间的关系。其实这样讲中国的方池水亭的话，跟那种曼陀罗就没有什么太大的区别了。我个人觉得对于中心对称的诉求在各个文化里面都有表现，但是如果说得更加极端一点，为什么在新朝的时候——公元前后——往往会建出来这么多明堂建筑呢？事实上那个时间点，也是中西交流比较密切的一个时间点，我们有很多跟佛教、跟中亚地区的初级交流，这样的交流促进了明堂的建造。在中亚以及印度地区建造很多曼陀罗式的庙宇，甚至像傅熹年先生复原的明堂的图——我相信刘老师会想象得到的那个图——其实跟西藏一个叫桑耶寺的佛教寺院中间的经堂是很像的。其实这样的图示在各个文明可能都会有，但中西方的这种交流的确导致这种图示在所谓汉朝中期的时间点上，各有各的不同表现。

话再说回来，我个人的积累主要在明清之后，所以如果说到宋代，还要请别的专家老师多多指教。

刘文豹：我再补充一下，看到您放的那张印度"风水图"，我直观地想，为什么它的头和屁股是沿着对角线方向（即从东北至西南方向）？我很快 Google Eearth 了一下，看到它的东北位置正好是喜马拉雅山脉。所以，我猜想这种风水模式会不会跟它的地理格局有联系？

张力智：是跟它的地理格局有很密切的联系，所以这个事儿对我来讲才是个刺激。因为我研究中国民居常用中国风水的图示去解释很多东西。就好像我举的第二个例子，馥荫园要把西北侧给做高一点，很少有一个村落或者说一个建筑布局特别强调东北侧，然后要有一个什么头或者什么尾这种。所以到岭南这边，看到刚才给您放的余荫山房的平面图，才会觉得这个事情挺有意思：他们用的风水的整个逻辑和图示都不太一样，这个图示跟中国好像还有点距离。但是这个图示事实上比中国图示好在哪里呢？中国风水图是象征性的，它的义理深度和延展性是稍微弱一点的，更多的是一种象形或者叫作表象。但是在印度，这样的一个图示转一圈，就好像进入到一个环境，不断去转换，然后到一个悟道，达到心思澄明。我看到这种图示的时候觉得有这方面义理阐释的可能性。

侯晓蕾（主持人）：好的，谢谢刘老师，也感谢王南老师和张力智老师的解答，那么我们看看其他老师有什么问题或者建议吗？

黄晓（北京林业大学园林学院副教授）：我回应一下王毅老师刚才的点评和指点。王老师提到的情况，我在研究过程中的感受也特别多。尤其您提到的园林图像史的研究，非常有必要。很多方面都有待拓展。一个是图像的媒介，目前大家关注比较多的是卷轴画，但很多图像不一定存在于卷轴画上，还可能在瓷器上、在漆器上，古代的图像是无所不在的，因此图像的媒介是首先需要拓展的。

第二个方面是图像的时代。我之前研究的重点是明代这一段，但看到您关于南宋山水画的文章，感觉在时代上也需要做一个扩展。明代往前的宋元时期，甚至再往前一点，唐宋元时期属于园林画的一个阶段；更往前的魏晋时期，属于前园林画时代，但对后来有很多影响。向后看的话是清代，显然西方的影响已经非常明显了，康熙、乾隆年间的透视画非常多，因此清代以来又是另一种类型。这样的一部园林图像史，应该在媒介和时代方面都做许多拓展。会涉及如何组织大量的材料，是个非常庞大的工程，期待以后能有很好的平台来做这件事情，有机会多跟您请教。

然后还想回应的是，我在讲座中提到的关于西方的影响。可能大家在听的时候对这方面印象会深一点，有可能会放大这方面的影响。其实我讨论明代园林绘画，一共提到了三方面的影响：一是当时的时代风尚，我把它列为绳圈里最长的一条线，是最大的影响因素；二是西洋的影响，我把它叫作"催化剂"，这条线相对比较短，但"催化剂"是很有效的，它启发了对于宋代传统的重新认识；三则是对宋代传统的重新认识。这样这三方面就构成了一套机制，帮我们理解明代的园林绘画。

侯晓蕾（主持人）：李辉老师，您有什么建议或问题想跟各位老师探讨的吗？

李辉（中国美术学院上海设计学院副教授）：感谢主持人，又是干货满满的一个下午。

我有一个想法是关于中西方园林的交流和观念差异方面的。在我看来，中国的园林有它自己的生命，在它的整个生命周期中一直存在着变化。如果更换了主人，就一定会有变化；如果不更换主人，那么这个园林主人作为能主之人，不仅在营造的过程中能主，并且在整个生命周期中，也是能主持园林所有可能发生的变化的。假使今天的雅集在寄畅园里进行，而段老师对石头有专门的了解，他向我提出一个建议——介如石有没有可能发生变化？可能提的人多了，我觉得有道理，在未来的某个时间，我就会使它产生这样的变化。但是这种变化放在当代所谓"遗产保护"的语境下，就似乎不太可能发生了，这一类事情在园林领域并不少见。例如曹老师在寄畅园的会议上说过，八音涧口的太湖石是后来增设的，其实蛮多余的，如果把那些石头去掉，景致可能会更好。再比如我和郭明友老师一起去沧浪亭的时候，他就说过那里的树林过于茂盛了，而如今没有人敢于修剪。寄畅园那几棵很大的香樟树，几乎挡住了从嘉树堂向龙光塔借景的视线，也只有在 3 月树木枝叶还没长出来时，从知鱼槛那儿才望得到后边的惠山。如果我作为园林的主人，我就会修剪了，但是这在如今的语境下就不可能实现。假使明代晚期就已经开始做遗产保护了，我们今天很有可能见到宋懋晋画中的继承人，能见到王稚登和屠隆笔下的继承人，但是不会看到今天我认为更加精彩的继承人。

这是我的困惑，想请黄晓老师指点几句，谢谢。

黄晓：李老师谈到的这个问题，涉及传统遗产的保护模式，现在确实有点像"化石一般"的保护。考虑到这些遗产的历史价值，很多时候是无法变更的。不过如果从现实角度出发，还是可能有一些机会。比如您提到的寄畅园，它在 1998 年大修过一次。我们想，如果很多研究工作在二三十年前就能展开，就有机会介入到这次大修中。世界有时会打开一个缺口，可以做很多事情。所以学术研究还是应该不断推进，随时做好准备，也许什么时间就能碰到那个可以改变的时刻。

另外一个方面，我们还充分利用现代的新技术。比如您说的"借景惠山"，曾经是非常重要的场景，在现实中已经体会不到了。那么我们也许可以借助先进的技术手段，像数字化复原等，重现不同时期的场景，丰富对传统遗产的体验，同时也稍稍弥补我们作为历史研究者的缺憾。

侯晓蕾（主持人）：好的，非常感谢李老师，对于您的问题我也有一点自己的思考，就园林研究而言，其实是不同的专业有不同的角度，所以这也取决于视角的差异。如果从史论或者考据学的角度出发，可能强调的是尊重历史；如果从原主人对于园子的整体把握，包括园子的更替出发，可能又是另一个角度。那么从我们央美景观的研究角度出发，我们会更侧重于园林的空间分析，我们将园子的更替视为一种可借鉴的因素，但可能不是最重要的因素。所以我认为这个问题取决于不同的研究视角、不同的研究范围。我觉得李辉老师的提议特别好，如果将来能建立起这么一个新的学科分支，提供一个视角，把共识性和历史性相结合，去探讨园林，包括园林跟园主之间的关系，我觉得是很有意思的。

所以我的感受其实还是不同的视角可能关注于不同方面。就像我们今天的讲座，其实大家都是从不同的视角、不同的专业来共同探讨园林的问题。谢谢李辉老师，谢谢黄老师。

我们看到赵老师在聊天室给我们留言，提问了两个问题，我们一起来看一下。

赵琰哲（北京画院理论研究部副研究员）：晚明画家如张宏、吴彬等人在接受传统绘画训练时，接受西方透视影响时，再回追宋画时，三个阶段各有什么不同的图像表象？

黄晓：这个问题需要结合张宏的生平和成长过程来看。在美术史研究里，像沈周和文徵明这样的名家，作品和生平资料特别多，可以构建出他们的成长过程。但是关于张宏，目前只有一段 500 多字的传记，很难借此构建出这段历时性的过程。这个方面，还期待能够跟美术史的学者一起推进。

赵琰哲（北京画院理论研究部副研究员）：鸟瞰构图如何在绘画中实现？是画家头脑中想象构建，还是有可能在真实场景中亲眼见？

黄晓：鸟瞰构图在《止园图》是能够实现的，因为外边有城墙，可以在墙上看到整座园林。就鸟瞰图而言，很多建筑或者园林专业的老师会有同感，我们做设计都是要求画鸟瞰图的，

其实画的就是头脑中想象的鸟瞰图。所以我猜古代画家应该也可以在脑海中先把它构建出来，然后再描绘出来。很多园林在现实中可能没有鸟瞰视角，但鸟瞰图画得还挺不错。

侯晓蕾（主持人）：好的，感谢黄老师。现在已经是 18：30，我们意犹未尽，非常感谢各位嘉宾和老师们。我看聊天区，老师们、同学们还有一些问题。我们后续会发相关的推送，大家也可以在聊天区继续留一些问题，我们会在后面跟大家做持续的线下讨论。

我们接下来进入最后一个环节，有请中国艺术研究院建筑与艺术史学者、中央美术学院高精尖创新中心专家王明贤先生总结发言。

策划人总结

王明贤（中国艺术研究院建筑与艺术史学者、中央美术学院高精尖创新中心专家）：我的发言谈不上总结，只是个人对今天演讲的一些体会。央美建筑青年学者论坛的第一期和第二期"云园史论雅集"，这 15 位青年学者的演讲给我的印象很深刻，让我想到 17 世纪思想家、历史学家顾炎武提出的"凡做学问，必古人之所未及就，后世之所不可无，而后为之"。当然这是做学问的最高境界，也应该是这些青年学者毕生追求的目标，"虽不能至，然心向往之"。

第一期"云园史论雅集"将重点放在探讨中国历史上园林的创作者以及作品的观点上，前面三个报告都是围绕张南垣及其造园艺术展开：顾凯讨论的是清初张南垣传人张鉽对于无锡寄畅园的改筑，可谓化腐朽为神奇，让一座普通的园子变成天下名园；黄晓的报告展示了"山子张"的创始人张南垣生平的许多细节，揭示出古代造园背后的社会和文化等层面的运行机制；秦柯的报告，通过梳理历史材料，对张南垣父辈及以上进行了详细的考证，并对其后人也进行了考核，绘出张南垣家族基本的世系表，得出一系列重要的结论；段建强讨论的豫园和刘珊珊讨论的止园构成第二组，对于如何运用文献图像，做出了示范；张龙、吴晓敏和范尔蒴的报告，都是关于乾隆建造的北方皇家园林，也揭示出历史研究许多更深层的问题。之后嘉宾的发言对谈，又对它们的内涵作了进一步的挖掘，对这个主题形成更深刻的认识。

今天的第二期"云园史论雅集——管窥东西：国际交流视野下的建筑与园林"，几位演讲者的报告涉及了中外交流史上的多个不同瞬间：美国学者卜向荣博士讨论的问题，涵盖位于洛杉矶的流芳园——这座海外规模最大的中国园林的设计建造心得，和它在当地社会文化中扮演的重要角色；王南讨论的是从城市规划、各类建筑群布局到各种单体建筑设计中大量应用的基于规矩方圆作图的经典比例，也就是中国的"规矩方圆之道"，并与西方的黄金分割做比较；侯晓蕾的报告讨论的是中国与英国在园林与乡村景观造景方面的异同，内容十分丰富；张力智讨论了在东亚文化交流背景下，岭南园林水体造景的立意特征呈现；黄晓聚焦明代这一园林绘画发展的关键时期，提出将明代园林绘画作为园林历史研究史料的实证价值；赵纪军考察了"绿化"这一概念在中国的引入途径及其所造成的影响，并在我国风景园林学科教育和行业实践的发展中留下了深深的烙印，以及带来了危及园林传统和降低文化价值的困惑；张波的报告是在美国多年文档积累和实地调研的基础上，对中美之间的建筑与园林文化的相互传播做了梳理。各位演讲者从不同角度、不同层面考察了东西建筑与园林文化互相之间的交流及其产生的复杂而深刻的影响，成果颇丰。

虽然央美建筑青年学者论坛刚刚开始，还有很多不尽人意的地方，但是我们希望它能成为今天国际上中国建筑园林史论研究的重要论坛之一，也是 21 世纪以来中国建筑青年学者前行的一个路标。参加这两期"云园史论雅集"，我觉得有三个问题值得关注：第一是云历史主义，第二是中国传统历史研究的力量，第三是西方当代史学的影响。

第一，在人工智能和大数据等计算机技术的浪潮下，建筑园林史论受到了什么样的影响？云研究可以对无边无际的历史资料进行归类、总结和归纳，并且可以发现用传统研究手段无法发现的新问题，尝试云历史主义新的可能性。在第一期"云园史论雅集"的讨论中，周榕就谈到组织这样的雅集，尤其未来还可以有很多这种青年建筑学者的讨论，利用现在的技术手段、利用这样的云研究方式，能把散落在各个不同的机构、各个不同地区非常优秀的单体研究形成一种组织化的结构。这样云研究的组织化结构，不是一种传统的垂直结构，它更灵活自由，同时又能把能量聚集在一起。刚才王南提到我们"云园雅集"的时候，他提到了"兰亭雅集"，其实我们当时设想"云园雅集"的时候，确实有个小小的野心，就像"兰亭雅集"以及宋代的"西园雅集"一样，希望"云园雅集"能成为数字化时代的一个重要雅集，就像兰亭以及西园雅集仍在艺术史上作为重要的事件存在，我们也希望我们这支"云园雅集"能成为云历史主义研究的重要事件。

第二，中国传统历史研究的力量。演讲嘉宾对中国传统历史都下了很大的工夫，但是园林史论研究是一门极难的学问，研究者需要对哲学史、文化史、文学史、美术史、建筑史、园林史等都有精深的研究，才有可能取得一定的成就。现在青年学者虽然成果不少，但是真正有深度的论文、著作还不够，

学术准备还不够，还需要有"板凳甘坐十年冷，文章不写一句空"的精神，下苦功研究，将来才有可能达到老一辈建筑史学家像傅熹年先生、曹汛先生那样的水平。钱钟书先生所说的，"大抵学问是荒江野老屋中二三素心人商量培养之事"，即使在云时代，这种在"荒江野老屋中二三素心人"进行的传统历史研究也还是需要的，像乾嘉学派的那种功夫还是需要的。所以我觉得这是我们青年学者在这种数字化时代人人需要具备的功力。

第三，历史研究在综合的总体趋势下，多元化、多重性的研究构成了一个很重要的趋势。比如在西方的当代史学研究中，像法国的年鉴学派、美国的新史学派、西方的马克思主义史学派等都有很大的影响。而西方的艺术史研究像温克尔曼、布克哈特、沃尔夫林、潘诺夫斯基、贡布里希等，都可以对我们的园林史研究有很大的启发。特别是这种现代史学研究，比如 20 世纪 90 年代的时候，学者朱剑飞认为在建筑史领域，对北京和故宫的建筑研究的焦点几乎无一例外地集中在形式以及美学方面，而人类学和汉学的领域其重点总是放在建筑的象征意义上。这些研究强调静止的观察，忽视了北京和故宫的运作和社会各方面的状况。朱剑飞在《天朝沙场——清故宫及北京的政治空间构成纲要》一文中，就从皇帝、大臣、太监、后妃等关系入手，考虑到权力斗争和军事斗争，研究了"常规"政治实践、"暴力"政治实践、"世俗"话语实践、"神圣"话语实践等。他把技术性的民俗学

方法和结构性的分析学方法结合起来，对空间、权力、话语进行了考察，目的是揭示建造形式与皇帝和朝廷的社会政治运作之间的关系，提出了中心问题：空间和权力的关系是什么？这给当时的建筑史研究很大的启发。所以我们今天的建筑史、园林史研究，一方面是要用中国传统的研究方法，但也可以借鉴西方现代史学的研究方法，使我们的研究有一种新的面貌。

文明的共荣与互通是世界文明发展的动力，对历史上东西建筑、园林艺术交流的考察，我们以开敞的胸怀去从不同的文明吸取养分、获得灵感，以应对今天的世界对我们提出的新挑战。我们希望"央美建筑青年学者论坛"能成为一个具有独立学术精神的国际平台，可以向上追问，不仅是园林，给我们今天的建筑与园林史论研究和建筑、园林创作都能带来很多新的启发。

好，谢谢大家。

侯晓蕾（主持人）：好的，感谢王老师。就像王老师说的，我们鼓励研究的新视角、新方法，发掘新材料、关注新问题、建构新理论，不断拓展研究的视野和领域，建构独立的学术精神。我们接下来有请中央美术学院建筑学院院长、教授，美国哈佛大学、哥伦比亚大学客座教授朱锫先生讲话。有请朱院长。

朱锫（中央美术学院建筑学院院长、教授、美国哈佛大学、哥伦比亚大学客座教授）：谢谢，我觉得每一期的央美建筑学术活动都会给我们带来很多的遐想，特别是这两期云园雅集又给我们央美的建筑学术活动带来了一个新的思考点，或者一个新的线索。这一两集论坛中，我们看到了一批青年学者在非常深入地从各个角度探讨中国园林和中国艺术精神之间的关系，自然哲学和我们的文化之间的关系，每位学者的每一个演讲都有着自己的很独特的角度，不仅"通古今，究天际，而且注定会成一家之言"。

基于这样的判断，"央美建筑青年学者论坛"必定会成为一个"云历史主义"当中很重要的事件。我想，"央美建筑青年学者论坛"与我们在 2018 年创立的"央美建筑学术系列讲座"，以及"央美建筑对话系列"一道，会建构一个在中国乃至全世界范围内，充满影响力的学术高地。所以，我们不仅仅希望通过学术活动带给我们大家深刻的思考，更重要的是也希望这些学术活动的成果最终能汇聚成一部很重要的文献，除了这两期的云园雅集，也包括我们去年做的"央美建筑系列讲座"中曹汛先生所谈到的"中国的造园艺术""中国的叠山名家""造园大师张南垣"三个议题，可以构成一部有关中国园林建筑的很重要的学术著作。实际上，我们这期一结束，接下来就会着手文献整理、收集工作，也期待在座的各位青年学者也包括我们的特邀嘉宾到时候都能支持我们这项工作。

不仅如此，我们也将出版"央美建筑系列丛书"，将收录每一期"央美建筑学术系列讲座"的内容，包括矶崎新、库哈斯、莫森·莫斯塔法维（Mohsen Mostafavi）和斯蒂文·霍尔（Steven Holl）等每一次讲座和研讨会的内容。我相信当学术活动之后，我们回顾特定的过程，包括每一位学者所发表的对建筑的见地，我相信我们的学术活动的意义就会越发凸显出来。所以，特别期待"央美建筑青年学者论坛"能持续地、深入地探讨有关建筑的历史、理论、实践等敏感的话题，能打造出有独立视角的学术生态。

实际上，"央美建筑青年学者论坛"的下一期，已经在酝酿之中了，话题会锁定当代青年建筑师的实践。所以，我也特别期待我们下一次的"央美建筑青年学者论坛"能够在这两次的云园雅集的基础上，诞生一个新的、有着当代建筑实践视角的一次云园雅集。

所有的这些学术活动都离不开全体中央美院建筑学院的师生的大力支持，最后我代表他们，代表我们全体央美建筑学院的师生，感谢今天我们的特邀嘉宾对青年学者的支持，感谢我们的演讲嘉宾以及对谈嘉宾给我们带来的充满了想象力的学术见地。也感谢长期以来一直支持央美建筑学术发展，总是来到我们学术现场的各家媒体，也包括在线的观众和各界的同仁，没有你们的支持，央美建筑的学术氛围就不会像今天这样如此令人着迷。我希望我们接下来的"央美建筑青年论坛"会持续而且不断地深入。也感谢我们这次的两位主持人侯晓蕾老师、刘珊珊老师，特别感谢我们这一次学术的总策划王明贤老师。

到此，我们两期云园雅集圆满落幕，非常感谢大家。

图书在版编目（CIP）数据

思想建筑.第一辑/侯晓蕾，刘珊珊，黄晓执行主
编.—北京：中国建筑工业出版社，2022.12
（央美建筑系列丛书/朱锫，王明贤主编）
ISBN 978-7-112-27867-1

I.①思… II.①侯… ②刘… ③黄… III.①建筑学
—文集 IV.①TU-53

中国版本图书馆CIP数据核字（2022）第162965号

责任编辑：徐明怡　徐纺
责任校对：党蕾
校对整理：董楠

央美建筑系列丛书
朱锫　王明贤　主编

思想建筑　第一辑
侯晓蕾/刘珊珊/黄晓　执行主编

＊

中国建筑工业出版社出版、发行（北京海淀三里河路9号）
各地新华书店、建筑书店经销
北京点击世代文化传媒有限公司制版
北京雅昌艺术印刷有限公司印刷

＊

开本：880毫米×1230毫米　1/16　印张：12¼　字数：337千字
2024年4月第一版　2024年4月第一次印刷
定价：**98.00**元
ISBN 978-7-112-27867-1
　　　（39589）